シミュレーション解析入門

Introduction to simulation analysis

問題定義から実験結果の解析までの手順と
WITNESS活用事例

[編著] 石川友保　　[著] 樋口良之／筧　宗徳／松本智行
布施雅子／中村麻人

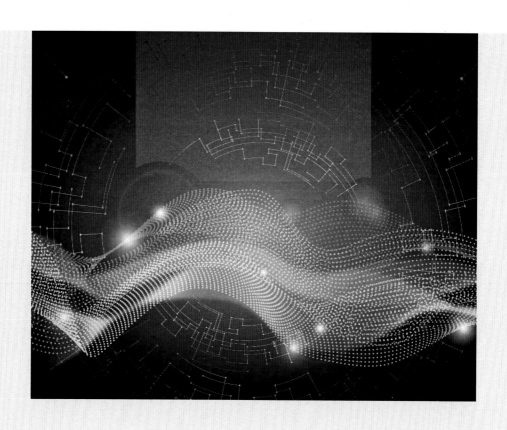

三恵社

序文

　シミュレーション（Simulation）とは，「模擬実験」である．すなわち，現実の事象をコンピュータ上で「模擬」し，様々な計画や対策を「実験」することである．シミュレーションにはいくつかの種類があり，本書では離散的な事象を対象としたシミュレーション（離散系シミュレーション）を対象とする．

　離散系シミュレーションで取り扱う「離散的な事象」には，工場の生産ライン，港湾のコンテナ配置，スーパーでのレジ業務，銀行のATM窓口など，様々なものがある．そして，それらの事象を，コンピュータ上で再現しシミュレートすることで，実務や研究において，問題点の発見や改善策の検討に活用できる．

　しかし，既存の離散系シミュレーションに関する書籍の多くが特定のシミュレーションソフトの操作方法を中心にしたものであり，実務や研究で離散系シミュレーションを使用するためには多くの壁が存在する．例えば，研究にシミュレーションを適用する場合，どのように問題定義をするか，どのようにデータを収集するか，どのようにモデルやシミュレーション結果の確かさを検証するかである．

　本書は，離散系シミュレーションの初学者の入門書，または離散系シミュレーションを用いる実務家の座右の書となることを目指している．初学者は，卒業研究などで離散系シミュレーションを用いる学生や，実務でこれから離散系シミュレーションを用いる民間企業の新入社員を想定している．そのため，シミュレーションの基礎知識から，シミュレーション解析の手順までを学べるものとした．また，実務家は，実務で離散系シミュレーションを用いている民間企業の社員を想定している．そのため，シミュレーション解析の各段階で必要な知識や技術を参照できるものとした．なお，これらの読者以外にも，離散系シミュレーションでできることや操作方法を知りたい方にもぜひご一読頂きたい．

　本書は，2007年1月に発行された「離散系システムのモデリングとシミュレーション解析」（樋口良之編著．三恵社）を大幅に加筆したものである．同書はすでに完成されたものであるものの，樋口先生からのご提案により，より初学者向けの本として，再構成したものである．そのため，できるだけ平易な表現を用い，また専門用語を細かく定義している．また，離散系シミュレーションに初めて触れる方にも理解しやすいように，多くの事例を収録した．さらに，実務家の方にも執筆者に加わっていただき，実務経験上，つまずきやすいこと，悩んでしまうことを解消できるように努めた．

　本書は，第Ⅰ部から第Ⅲ部までの3部構成としている．「第Ⅰ部　導入」では，シミュレーションやモデルの基礎知識を学びたい方を対象に，シミュレーションの概要やモデルの役割と性質を解説している．「第Ⅱ部　解析」では，シミュレーションの各段階の進め方を知りたい方や，シミュレーションの各段階で必要な知識や技術を学びたい方を対象に，シミュレーション解析の各段階（問題定義から実験結果の解析まで）を解説している．「第Ⅲ部　WITNESSと事例」では，ソフトウェアの操作方法を学

びたい方とソフトウェアのできることを知りたい方を対象に，離散系シミュレーションソフト「WITNESS」の基本的な操作方法と解析事例を解説している．シミュレーションを基礎から学びたい方は第Ⅰ部から読み始めて頂き，すぐにシミュレーション解析を進めたい方は第Ⅱ部を参照して頂きたい．シミュレーションの利用を検討している方は，まずは第Ⅲ部を参照頂き，シミュレーションのイメージをつかんで頂きたい．

　なお，第Ⅲ部では，WITNESS をとりあげているものの，第Ⅰ部と第Ⅱ部は使用するソフトウェアに依存しない内容とした．

　本書の出版にあたっては，伊藤忠テクノソリューションズ株式会社 DS ビジネス推進部に厚くお礼申し上げる．また，出版にご協力頂いた株式会社三恵社の木全俊輔氏にお礼申し上げる．

2022 年 3 月

編著者

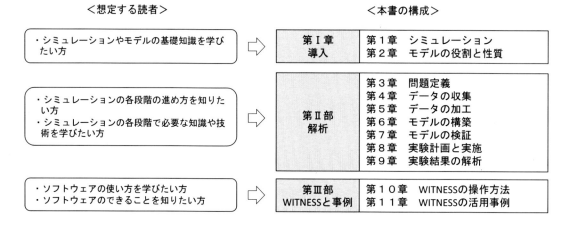

図　想定する読者と章構成

　本書の第 11 章で使用するサンプルデータは，下記の web サイトからダウンロードすることができます．下記の URL にアクセスしていただき，必要なモデルをダウンロードしてください．なお，本書では WITNESS 23 Horizon を使用しています．

　URL : https://www.engineering-eye.com/WITNESS/sample_model/

目次

第Ⅰ部　導入

第Ⅱ部　解析

第7章 モデルの検証   85

第8章 実験計画と実施   95

第１１章　WITNESS の活用事例　　　　　　　　　　　　157

付録

図表目次

【執筆者一覧】

石川　友保　福島大学共生システム理工学類准教授
樋口　良之　福島大学共生システム理工学類教授
筧　　宗徳　福島大学共生システム理工学類准教授
松本　智行　（株）伊藤忠テクノソリューションズ
布施　雅子　（株）伊藤忠テクノソリューションズ
中村　麻人　（株）伊藤忠テクノソリューションズ

【執筆分担】

第1章　シミュレーション
　　1.1～1.4　樋口・石川,　1.5　布施
第2章　モデルの役割と性質
　　2.1～2.3　樋口・石川
第3章　問題定義
　　3.1　石川・松本,　3.2　樋口・石川,　3.3　中村・石川
第4章　データの収集
　　4.1～4.3　石川
第5章　データの加工
　　5.1～5.3　筧,　5.4　樋口・筧
第6章　モデルの構築
　　6.1～6.4　樋口・石川
第7章　モデルの検証
　　7.1～7.5　布施・中村
第8章　実験計画と実施
　　8.1～8.2　筧
第9章　実験結果の解析
　　9.1～9.2　樋口・石川
第10章　WITENSS の操作方法
　　10.1～10.5　布施・中村
第11章　WITNESS の活用事例
　　11.1　樋口・布施,　11.2　布施・中村,　11.3　樋口・石川,
　　11.4　布施・中村,　11.5　石川,　11.6～11.7　樋口・石川
付録
　　A～B　布施・中村,　C　樋口・石川

第 I 部

導入

第1章　シミュレーション

　本章の目的は，シミュレーションの基本的な考え方を理解することである．

　そこで本章では，最初に，シミュレーションの定義と分類を示した上で（1．1），本書で対象とする離散系シミュレーションの種類や特徴を示す（1．2）．次に，シミュレーションの目的と手順を示す（1．3）．さらに，シミュレーションの歴史や最新動向（1．4），シミュレーションと他の手法の関係を示す（1．5）．

1．1　シミュレーションの定義と分類

1.1.1　シミュレーションの定義

　シミュレーション（Simulation）とは模擬実験であり，その対象は，人口増減や交通流などの社会現象，生産・物流・販売などの企業活動といったシステムから，ナノレベルの化学工学的・物理学的な挙動まで広範で多様である．

　私たちには意識するしないにかかわらず，これらの対象と共生したり，対象物を制御・管理したりする必要が生じる．対象とする物や事柄などが永久不変と考える場合，私たちは，それらに興味を持つことはあるが，それに働きかけることは少ない．対象が変化，あるいは変化できると考える場合，それに直接的・間接的に影響を与えようとすることは多い．このように変化するものは，システム（System）と定義されている．とりわけ，人類の諸活動が，地球環境にどのような影響を与えるのかなど，現代社会の興味はつきない．また，対象に働きかけることで，工業有用性（Industrial Availability）の高い現象を引出すことは，科学技術の進歩に直結していると言っても過言ではない．

　シミュレーションの対象となるシステムは，影響力の強弱はあるものの，多くの場合において多数の影響因子によって構成されている．このとき，比較的軽微な影響因子を考慮せず，複雑なシステムを比較的単純なものとして簡易に扱い，効率的にシミュレーションを行うことが多い．このように複雑な対象をシミュレーションで扱えるものへと変換したものが，モデル（Model）である．

　正確な挙動や解を得るためには，モデルを使わず，対象となる実物とそれを取巻く環境で実験すればよい．しかし，現実には，様々な理由から実物での実験が困難な場合が多い．例えば，対象を直接操作するリスクがあること，大規模な実験のため膨大な費用がかかること，これから創り上げるために実物が存在しないことなどがある．

　以上のことから，実物から必要な事象だけを抽出したモデルを構築し，モデルを用いたシミュレーションが重要となる．

1.1.2　シミュレーションとモデルの分類
（１）物体のシミュレーション

　シミュレーションは，物体のシミュレーションと計算機シミュレーションの 2 つに大別できる．また，シミュレーションの分類ごとにモデルがある（図 1.1.1）．

　物体のシミュレーション（Physical Simulation）とは，現実の物体を使ったシミュレーションのことである．物体のシミュレーションで用いられるモデルには，①実物モデル，②スケールモデル，③類推モデルがある．

　①実物モデル（Actual Model）とは，簡易化したモデルではなく，実物をモデルとすることである．例えば，実験室に外部環境と区切られた空間を作り，その空間の中に研究対象の実物を設置し，日頃おきえない状況，不安定な状況，研究したい環境を実現し，実験や試験を通して実物の挙動を観察する．

　②スケールモデル（Scale Model）とは，実物よりも小さいモデル，または実物よりも大きいモデルのことである．例えば，巨大な構造物を縮小した模型や，微細な大きさの実物を研究者が取扱いやすい大きさへ拡大した模型がある．

　③類推モデル（Analogy Model）とは，対象を物理的にまったく別なものに置換えたモデルのことである．例えば，質量とばねと減衰で構成される機械系モデル，抵抗やコンデンサなどで構成される電気系モデルがある．

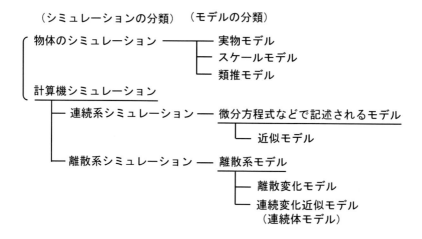

図 1.1.1　シミュレーションとモデルの分類

（２）計算機シミュレーション

　計算機シミュレーション（Computer Simulation）とは，現実の物体を使わずに，計算機上で行うシミュレーションのことである．計算機シミュレーションは，①連続系シミュレーションと②離散系シミュレーションに大別できる．

　①連続系シミュレーション（Continuous Simulation）とは，数学モデル（微分方程式など）を用いるシミュレーションである．例えば，数学モデルに対して，微小時

間後の状態を繰返し計算し，時刻歴にモデルの応答を観察する．連続系シミュレーションでは，近似モデルを用いることもある．近似モデル（Approximate Model）とは，数学モデルに，有限要素法や境界要素法などの近似解法を適用して簡素化したモデルである．

　②離散系シミュレーション（Discrete Simulation）とは，時間経過に伴い変化するシステム，およびシステムを構成する個々の要素の変化に着目し，モデルの時刻歴応答を観察するシミュレーションである．

　本書では，これらのシミュレーションのうち，離散系シミュレーションに着目することとし，1．2節で詳しく解説する．なお，以降では，特に断りがない場合，シミュレーションとは離散系シミュレーションを指すこととする．

1.1.3　シミュレーションの特徴

　シミュレーションには，①現実的な解を得られること，②俯瞰できること，③過渡状態をみられること，④複数案を検証できること，⑤意思疎通がしやすいことの5つの特徴がある．

　「①現実的な解を得られること」とは，複雑な問題に対して，現実的な解を得られることである．現実の問題を数学モデルで厳密に表現し解を得ようとすると，すべての制約条件を満たせず“解なし”となる可能性がある．このとき，解を得るために制約条件を緩和すると，現実とかい離する可能性がある．一方，シミュレーションでは，現実的な制約条件において，（最適ではないかもしれないが）何かしらの解を得ることができる．

　「②俯瞰できること」とは，複雑な挙動をシステム全体で観察できることである．大規模なシステム（例えば，都市全体の自動車交通）の場合，システム全体を同時に観察することは難しい．シミュレーションでは，コンピュータ上で観察できるため，システム全体を同時に観察できる．

　「③過渡状態をみられること」とは，時々刻々と変化するシステムの状態を観察できることである．大規模なシステムの場合，過渡状態をみられる箇所は限定的である．シミュレーションでは，システム全体の状態遷移を観察できるため，システム全体の中のどこで異常が発生し始めるかといった解析ができる．なお，時間経過に伴うモデルの変化を観察する方法を時刻歴応答解析と呼ぶ．例えば，高層建築物の構造計算で時刻歴応答解析をおこなう場合，地震や強風などの外力を受けたとき，建物の各箇所がどのように「応答」するかの時間変化を観察する．

　「④複数案を検証できること」とは，システムの開発や改善において，複数案を検証できることである．現実のシステムでは，システムの構成要素の種類や位置の変更に時間や費用がかかるため，複数案の効果検証は難しい．例えば，工場のレイアウトを変更する場合，変更中は生産が止まるため，一度配置した機械を何度も移し替えることは現実的ではない．一方，シミュレーションは，コンピュータ上で行うため，現場での作業を止めることなく複数案の効果を検証できる．

　「⑤意思疎通がしやすいこと」とは，過渡状態を動画などで示すことで，部門間や企業間の意思疎通がしやすいことである．シミュレーションでは，言葉や数値だけでは伝わりにくいことを，映像として伝えられる．

1.1.4　シミュレーションの適用分野

　シミュレーションは，生産，流通，医療，農業など，様々な分野で用いられる．ここでは，身近なシミュレーションの適用例を紹介する．

　私たちが海外旅行などで利用する空港では，重大事故が起こらないように様々なトラブルを想定して訓練が行われる．しかし，訓練のために運行を停止することは難しく，また実際にトラブルを起こすことはできない．シミュレーションを適用することで，実地に近い状態で，かつ様々なトラブルを想定した訓練を行うことができる．

　また，私たちが運転免許取得のために行く自動車教習所では，ドライビングシミュレータを利用する場合がある．ドライビングシミュレータとは，自動車の運転をシミュレートする装置である．ドライビングシミュレータを用いることで，実際に起こりうるトラブルを，実際に起こさずに疑似体験できる．

1.1.5　本書の構成

　本書は，第 I 部〜第Ⅲ部と付録で構成した（図 1.1.2）．

　第 I 部では，シミュレーションの導入として，第 1 章でシミュレーション，第 2 章でモデルの役割と性質を解説する．

　第Ⅱ部では，シミュレーションの解析方法とし，第 3 章で問題定義，第 4 章でデータの収集，第 5 章でデータの加工，第 6 章でモデルの構築，第 7 章でモデルの検証，第 8 章で実験計画と実施，第 9 章で実験結果の解析を解説する．

　第Ⅲ章では，シミュレーションの実例として，第 10 章で離散系シミュレーションソフト「WITNESS」の操作方法，第 11 章で WITNESS の活用事例を解説する．

　なお，付録では，WITNESS 利用者を想定して，付録 A で豆知識・テクニック集，付録 B で逆引き辞典を掲載した．また，離散系シミュレーションにおける重要な理論として，付録 C で待ち行列理論を掲載した．

1．2　離散系シミュレーション

1.2.1　離散変化モデル（離散体モデル）

　離散系シミュレーションでは，離散系モデル（Discrete Model）を用いて，人や事物の流れを模倣する．このとき，1 つ 1 つの事象（イベント：Event）は独立してとらえられ，その事象の連なりによって離散系モデルは組み立てられている．このことから，離散系シミュレーションは，イベントシミュレーションとも呼ばれる．

第Ⅰ部　導入		
	第1章　シミュレーション	離散系シミュレーションの目的と手順、最新動向などを解説する
	第2章　モデルの役割と性質	モデルの役割や意義、基本となるモデルを解説する

第Ⅱ部　解析		
	第3章　問題定義	問題定義の方法や評価指標、概念モデルの設計方法を解説する
	第4章　データの収集	モデルの入力や検証に用いるデータの収集方法を解説する
	第5章　データの加工	収集したデータの加工方法（クレンジング、フィッティングなど）を解説する
	第6章　モデルの構築	モデルの構築方法と、基本モデルの内容を解説する
	第7章　モデルの検証	構築したモデルの妥当性・正確性の検証方法を解説する
	第8章　実験計画と実施	モデルを用いた実験の進め方を解説する
	第9章　実験結果の解析	実験で得られたデータの解析について解説する

第Ⅲ部　WINTESSと事例		
	第10章　WINTESSの操作方法	WINTESSの基本的な操作方法を解説する
	第11章　WINTESSの活用事例	WINTESSを用いた具体的な事例を紹介する

付録		
	A　WINTESSの豆知識・テクニック集	WINTESSの豆知識とテクニックを紹介する
	B　WINTESSの逆引き辞典	困ったときに参照できる辞典
	C　待ち行列理論	待ち行列解析の基礎となる理論を解説する

図 1.1.2　各章の内容

　離散系モデルには，離散変化モデルと連続変化近似モデル（連続体モデル）がある．
　離散変化モデル（Discrete-Change Model）とは，事象を分解しても合成しても数えられ，それらの状態も1つ1つを切り離して扱えるモデルであり，離散体モデルとも呼ばれる．例えば，食堂では，「客が到着する」，「入店する」，「空き席がなければ待つ」，「着席する」，「注文する」，「食べる」，「レジが混み合っていれば待つ」，「店を出る」などの事象が発生する．これらの事象を1つ1つ切り離してとらえたときに，離散系の事象という．

　離散系の事象は，取り扱う対象を，1つ，2つと，数え上げることができる．数え上げることとは，例えば，来客数5名，座席数20席，従業員3名，ランチの注文4食などである．また，ランチの注文4食は，ライス4杯，スープ4杯，おかず4つというように，分解して数え上げることもできる．

1.2.2　連続変化近似モデル（連続体モデル）

連続変化近似モデル（Continuous-Change Model）とは，流体のような連続体を，離散体として近似化したモデルであり，連続体モデルとも呼ばれる．

流体や化学変化の過渡状態などは離散体として扱いにくいため，微分方程式によるモデリングを行い，連続系シミュレーションを適用することが一般的である．しかし，離散体と連続体を組合せてシミュレーションを行うとき，連続変化近似モデルが適用される場合がある．例えば，流体（連続体）の原材料を投入し，缶（離散体）に注入して製品とする製造ラインが考えられる．

1.2.3　離散系シミュレーションの特徴

離散系シミュレーションは，任意の環境や設備において，人や事物の流れがどのように変化するかを検討できる点に特徴がある．特に，確率的要因を含む多重の待ち行列問題に帰着する事例に適した方法である．

例えば，金融機関の店舗サービス設計を考えたとき，予想される来客数に対応して十分なサービスを不満の生じない短時間で提供できるかについて，時々刻々と変化する店舗内での来客の流れや待ち行列などを再現することで検討できる．一般に，単純な待ち行列は，平均サービス待ち時間などのシステムの特性を表す事項が公式化され，計算が可能である．しかし，来客の到着や提供するサービスの特性が不規則なものであったり，確率的なものであったり，さらには，複数の待ち行列系が連成して構成されているシステムは，理論的計算は困難である．

離散系シミュレーションでは，実際の金融機関の店舗サービスを改善するために，コンピュータ上で，窓口，ATM，待合席の数や配置を変更し，時間の流れに沿って表現できる（図1.2.1）．

確率的な要素を含まないモデル（確定的モデル）は，シミュレーションを何度実行しても同じ結果を出力する．しかし，確率的な要因を含むモデル（確率的モデル）は，シミュレーションを実行するたびに異なる結果を得る．そのため，確率的モデルのシミュレーションは，解析結果にばらつきが生じるため，統計的な処理を行い，解析結果を評価しなければならない．

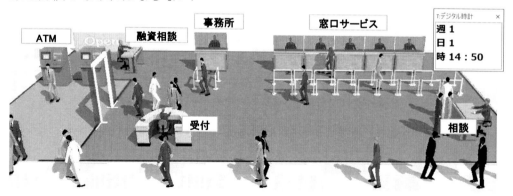

図 1.2.1　離散系シミュレーションによる任意の時刻の店舗サービスの状況

1．3　シミュレーションの目的と解析の手順

1.3.1　シミュレーションの目的と考え方
（1）シミュレーションの目的
　シミュレーションの目的には，対象となるシステムのメカニズムの理解，それにかかわる人間同士の相互理解を深めるためのコミュニケーション，システムの挙動予測，システムパラメータの最適化などがある．

（2）シミュレーションとモデル
　シミュレーションを行うためには，モデルを作成する必要がある．モデルの作成では，複雑に見える現象や事物を観察し，シミュレーションで明らかにしたい事項を明確にする．そして，明らかにしたい事項に影響する要因を絞込み，システムの挙動を再現し，単純化したモデルを作成する．このモデルを作成すること，すなわち，モデリング自体に意味があり，モデリングによって，事象のメカニズムを明らかにしたり，理解を深めたりする．その結果が課題解決への糸口となり，シミュレーションの目的となりえる場合も多い．また，対象となるシステムに携わる人同士が，モデルと解析結果を精査しながら，コミュニケーションを深めるためにシミュレーションを使う場合も多い．

　シミュレーションでは，モデルを様々な環境や条件で挙動させ，その振舞いを観察する．とりわけ，非定常状態や限界状態などの通常では実現しにくい状況において，対象がどのように挙動するのかを検討し，将来起こりえる状況を予測することを目的とすることが多い．

（3）シミュレーションと最適化
　シミュレーションでは，モデルの何らかの値をパラメータとして実行し，その結果を解析し，目的関数（Objective Function）を最大化あるいは最小化し，システムの最適化（Optimization）を図ることが多い．

　例えば，コストを最小化する荷役機械の処理能力を求めるとき，簡易な待ち行列モデルにモデリングできるのであれば，理論的計算で最適解を得られる．しかし，多重の待ち行列や特別な運用規則があるシステムでは，シミュレーションによる解析が必要となる．処理能力の高い荷役機械は，生産性が高いものの，設備投資やメンテナンスにおいて比較的高いコストを見積もる必要がある．また，コストが抑制されている低処理能力機械は，生産性が低く，利益も高くない．このようなトレードオフ（Trade-Off）の関係を持つ問題において，最適な処理能力を導出するために，シミュレーション解析が必要となる（図 1.3.1）．

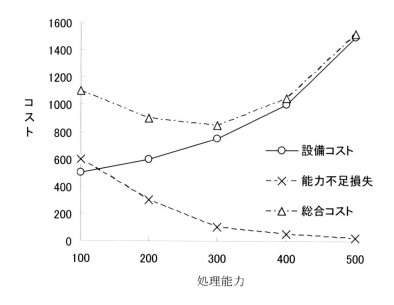

図 1.3.1　コストと処理能力の関係

1.3.2　シミュレーション解析の手順

　シミュレーション解析は，①問題定義，②データの収集，③データの加工，④モデルの構築，⑤モデルの検証，⑥実験計画と実施，⑦実験結果の解析，の7つの手順で行われる（図 1.3.2）．

　なお，各手順の詳細は，第3章～第9章で述べる．

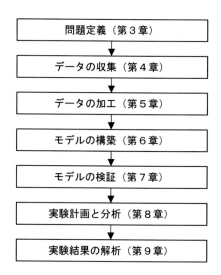

図 1.3.2　シミュレーションの手順

1．4　シミュレーションの歴史と最新動向

1.4.1　シミュレーションの歴史
（1）シミュレーションの始まり
　1909 年のアーラン（Erlang）による電話交換問題の理論研究に代表されるように，コンピュータが発達するまでは，シミュレーションは現実的なものではなかった．

　そして，世界初のコンピュータとされる ENIAC の登場以降，電算機の発達に伴い，より現実的にシステムの時刻歴応答を調べるためのシミュレーションが発展した．

（2）シミュレーション言語の開発
　1950 年代には FORTRAN などの高級プログラム言語を用いてモデルを記述してシミュレーションを実行する方法もあったが，1960 年代には効率よくシステムをモデリングできるシミュレーション言語が開発された．代表的なシミュレーション言語には，IBM 社の GPSS, Rand Corporation 社の SIMSCRIPT, Norwegian Computing Center の SIMULA 言語がある．

　SIMULA 言語は，シミュレーション用の言語として設計されていたが，最初のオブジェクト指向言語でもあり，1980 年代の Smalltalk や 1990 年代の C++ などの，後に普及したオブジェクト指向高級プログラム言語の発展に大きな影響を与えた．

（3）インタラクティブなシミュレーションの利用
　1980 年代前半までは，大型汎用機やスーパーコンピュータが全盛の時代であった．当時のシミュレーションは，バッチ処理により，途中でユーザーとコンピュータがやりとりすることなく実行するものであった．また，結果は統計的なデータのみをベースとして検討するものであった．

　しかし，1980 年後半から，パーソナルコンピュータおよび直感的な GUI（Graphical User Interface）を持つ OS が発達したことで，マウスを用いたインタラクティブな操作により，手軽にコンピュータを活用できる時代となった．

　シミュレーションも，このパーソナルコンピュータの能力を活用し，実行途中でモデルの状態を調べたり，モデリングそのものを言語ではなく GUI を用いて設定したり，シミュレーション結果をアニメーションにより CG 表示したりすることが一般的となった．現在では，Lanner Group の WITNESS, System Modeling Corporation の Arena などがシミュレーションの統合環境として活用されることが多い．

（4）現在のシミュレーションソフト
　現在のシミュレーションソフトでは，高度な基本モデル（モデル要素）をあらかじめ備えており，また，ユーザーがそれをカスタマイズできる．それとともに，シミュレーションの入出力データを，データベースや CAD（Computer Aided Design）な

どのソフトウェアとやりとりできるインターフェース機能，最適化機能，3 次元表示を用いたプレゼンテーション機能などが充実してきている．

1.4.2　シミュレーションの最新動向

　シミュレーションに関連する最近のキーワードに，①つながる工場，②ソフトウェアのクラウド化，③デジタルツイン，④PLM（Product Lifecycle Management）がある．

　①つながる工場とは，インダストリー4.0 のキーコンセプトであり，工場の設備間，工場間，製造の現場と消費者が，インターネットなどの情報通信ネットワークと，情報を収集する（センシング）技術により，情報をやりとりすることである．シミュレーションには，分析対象の拡大（1 つの工場から工場群へ），入力・出力情報の多様化などの影響がある．

　②ソフトウェアのクラウド化とは，従来，利用者のコンピュータにインストールして利用していたソフトウェアを，インターネット上のサーバーが提供するサービスにすることである．シミュレーションにもソフトウェアのクラウド化の動きがある．シミュレーションソフトは高価な印象があるが，クラウド化によって安価に提供されることで，シミュレーションの普及が進むかもしれない．

　③デジタルツインとは，現実の事象（例：工場での生産活動）を，デジタル上でリアルタイムに再現することである．デジタル上での再現にあたっては，現実の事象の情報（例：作業員のシフト，原材料の投入時刻，完成品の数量）を収集する必要があるため，現実の事象のモニタリングに用いることができる．また，収集した情報を基にした生産シミュレーション（今日の生産数量の予測，トラブル発生時の影響分析など）を行うこともできる．

　④PLM（製品ライフサイクル管理）とは，企業の利益を最大化することを目的に，製品の企画，設計から生産，販売，廃棄に至るまでのライフサイクル全体における製品情報を一元管理することである [1]．従来のシミュレーションは，生産段階を中心に行われてきたと思われるが，今後は企画段階から廃棄までのライフサイクル全体をシミュレーションする企業が現れるかもしれない．なお，生産段階に着目した場合でも，IoT の普及に伴い，生産計画時の静的なシミュレーションのみではなく，生産実行時の動的なシミュレーションも行われるようになってきている．

1．5　シミュレーションと他の手法

1.5.1　シミュレーションとよく間違われる手法

　シミュレーションとよく間違われる手法に，①機械学習，②スケジューラ，③組合せ最適化がある（表 1.5.1）．

　①機械学習とは，大量のデータから自動的に法則やルールを見つけ出して（学習し

て）モデルを作成し，そのモデルに分析したいデータを与えることで学習した法則やルールに則り解を導く手法である．モデルを作成する点ではシミュレーションと同じであるが，学習によってモデルを作成する点がシミュレーションとは異なる．

　②スケジューラとは，タスク（作業）の優先度の制約条件などを指定して，タスクの処理順序や時期を決めるプログラムである．制約条件を持った作業を対象とする点ではシミュレーションと同じであるが，処理順序や時期の決定に特化している点がシミュレーションとは異なる．

　③組合せ最適化とは，数式で制約条件を記述してモデルを作成し，そのモデルに分析したいデータを与え，なるべく良い組み合わせを探す手法である．モデルを作成する点ではシミュレーションと同じであるが，最適解を探索する点がシミュレーションとは異なる．

表 1.5.1　シミュレーションと他の手法・プログラムの特徴

	概要	長所	短所または制限など
シミュレーション	現実の仕組みを模擬するモデルを作成し、現実の仕組みの代わりにモデルを使って実験を行うための手法	・時間や複雑な条件を含む問題を解くことができる	・モデルの作成技術の習得に時間がかかる
機械学習	大量のデータから自動的に法則やルールを見つけ出して（学習して）モデルを作成し、そのモデルに分析したいデータを与えることで学習した法則やルールに則り解を導く手法やプログラム	・人間がルールを設定する必要がない ・複雑な問題でも、短い計算時間で何かしらの解が得られる	・学習のために大量の良質なデータが必要（学習用のデータが結果の導出に必要な情報を含んでいなかったり、異常値が多かったり、量が足りなかったりすると、良い学習結果が得られない）
スケジューラ	タスク（作業）の優先度などの制約条件などを指定して、タスクの作業順や時期を決めるプログラム	・条件が簡単なら、使い方が簡単なことが多い ・表示がきれいでわかりやすいものが多い	・複雑な条件づけが難しい
組合せ最適化	数式で制約条件を記述してモデルを作成し、そのモデルに分析したいデータを与えてなるべく良い組み合わせを探す手法やプログラム	・良い組み合わせを探す問題を高速で解くことができる	・モデルの作成技術の習得に時間がかかる ・時間を含む問題への適用が難しい ・組み合わせが多い場合は解を得るための計算時間が長くなる

1.5.2　シミュレーションと他の手法の組合せ

　前項では，シミュレーションとよく間違われる手法を紹介したが，対象とする問題によっては，これらの手法とシミュレーションを組合せる場合がある（表 1.5.2）．

　例えば，シミュレーションは，機械学習を行う際に学習データの不足を補うためや，スケジューラで作成したスケジュール案の実行可能性の評価のため，組合せ最適化の最良解の検証などに用いられる．

表 1.5.2　シミュレーションと他の手法の組合せ

手法	シミュレーションとの組み合わせの目的
機械学習	・学習に使用するデータの量や質が十分でない場合に，学習対象であるシステムの代わりにシミュレーションを使ってデータを生成し，機械学習の入力として使用する．
スケジューラ	・スケジューラで作成したスケジュール案に従ってシミュレーションを試みることで，要素（設備や人）同士の干渉や，ばらつき（故障や手作業の作業時間の変動など）を加味しても，スケジュール案が実際に実行可能かどうかを検証する． ・シミュレーション結果をスケジューラで表示することで，ガントチャートなどの図を簡単かつ美しく表示する．
組合せ最適化	・レイアウト問題や巡回セールスマン問題などの組み合わせ最適化問題で解くべき要素と，シミュレーションで解くべき要素の両方を含む複雑な問題に対して，組み合わせ最適化で解の案を作成し，この案に従ってシミュレーションを行うことで時間や距離などの要素を加味し，どの解が最良なのか検証する．

参考文献

1)　Tech Factory ホームページ

　（http://techfactory.itmedia.co.jp/tf/articles/1706/29/news007.html）

第2章　モデルの役割と性質

　本章の目的は，シミュレーションで用いるモデルの役割と性質を理解することである．

　そこで本章では，最初に，様々な視点からモデルの役割を示す（2．1）．次にモデルを構築する（モデリングする）意義を示す（2．2）．さらに，確定モデル・確率モデル・推論モデルの3つについて，モデルの性質を示す（2．3）．

2．1　モデルの役割

2.1.1　問題解決のアプローチ

　システムの問題や課題の解決の仕方として，いくつかのアプローチがある．1つのアプローチとして，勘や経験に基づく方法がある．例えば，建築物の設計，服飾デザイン，工業デザインなどである．他方，対象となるシステムを数値などで置換え，実験や試験を行い，その結果を分析，解析する方法がある．この方法は，工学的アプローチ（Engineering Approach）と呼ばれる．工学的アプローチは，建築構造計算，機械設計，回路設計などの理工学分野のみならず，幅広い分野で用いられている．

2.1.2　共通点としてのモデル

　問題解決のアプローチには勘や経験に基づく方法や工学的アプローチがあるが，いずれのアプローチでも「モデル（Model）」という概念が使う共通点がある．

　モデルには，「①模範・手本または標準となるもの，②模型．また，展示用の見本，③ある事象について，諸要素とそれら相互の関係を定式化して表したもの，④美術家・写真家の制作の対象となる人や物，⑤小説・戯曲などの題材となった実在の人物や事件，⑥「ファッションモデル」の略，⑦機械・自動車などの型式．型」といった様々な意味がある．

　モデルの例をみると，勘や経験に基づく方法に関しては，建築物の設計では木質やプラスチックなどの素材を加工した「形状モデル」（②のモデル）を作成し，工業デザインでは VR（バーチャル・リアリティ）技術を用いて完成予想図や完成時の「立体モデル」（②のモデル）を作成し，服飾デザインでは創作した衣服や装飾品を「ファッションモデル」（⑥のモデル）に着てもらう．

　一方，工学的なアプローチでは，対象システムを数式で表す「数学モデル」（③のモデル）がある．また，対象システムを計算機上で表現した「モデル」（③のモデル）を作成してシミュレーションすることで，対象システムの現状を把握したり，改善を施したときの状況を把握したりする．実証のために実物や規模を拡大あるいは縮小した「スケールモデル」（②のモデル）が使われることもある．

2.1.3　コミュニケーションツールとしてのモデル

　モデルは，作成者の意図を関係者へ伝え，コミュニケーションをとるために用いられる．

　例えば，ファッションモデルは，デザイナーの考えを，製造・流通・小売・マーケティングなどの関係者へ視覚的に伝える手段である．また，製作図面（モデルの一種）は，デザイナーの指示を，製造者に正確に伝える手段である．

2.1.4　性質を把握するためのモデル

　モデルは，対象となるシステムの性質を把握するための実験や試験に用いられる．

　例えば，構造計算モデルでは，外力や限界状態の各部材への影響を理解するための実験に用いられる．

２．２　モデリングの意義と例

2.2.1　モデリングの意義

　モデリング（Modeling）は，システムを理解したり問題や課題を解決したりする上で，円滑なコミュニケーションを実現するために，モデルを作成することである．

　モデリングでは，対象となるシステムを必要最小限に単純化するという観点が必要である．なぜならば，対象となるシステムのすべてのメカニズムを網羅したモデルを作成しようとすると，コミュニケーションを混乱させ，システムの本質を見失ったり，取扱いに過大な労力を必要としたりする場合がある（図 2.2.1）．

　適切なモデリングとは，対象システムを，外部環境（モデルに影響を与える要因）と対象モデル（解析目的に関係する事象のモデル）に分け，適切な範囲・規模のモデルをつくることである．

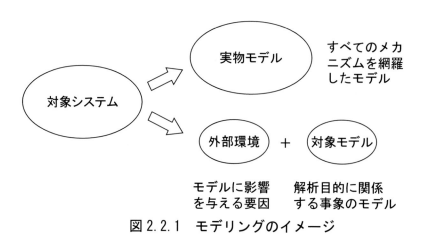

図 2.2.1　モデリングのイメージ

2.2.2　モデリングの例

　地図を例にモデリングを考えると，地図で表現される情報は，現実には三次元の地形データなどにより構成されている．しかし，地図は二次元平面上に描画されている．

　道路地図は目的地に到達するために作成された一種のモデルであり，複雑なデータを二次元平面上のモデルへと単純化する作業がモデリングである．そこでは，個人住宅は表現されていなかったり，国道は赤色，主要地方道は薄い茶色のように，路線の種類ごとに色が塗り分けられていたりする．現実の世界では，個人住宅があり，路線の種類ごとに色が塗り分けられていない．

　地図は，読み手の意図，目的を達成するために，詳細な部分は省略し，また，簡便に区分して理解できるように，種類や定量的データに応じて色彩を塗り分ける方法がとられている．

　モデリングは，重要でない部分について省略する．そのため，重要ではない部分を単純化し，重要な部分やより詳細にしくみを考慮したい部分について，さらに緻密に表現される．重要ではない部分を単純化せず，すべてのものを含んだモデルを作ることもできるが，それは対象をもう一つ現実の世界に生成することを意味する．そうなると，もはやモデルではなく実物であり，実物でシミュレーションを行う実機実験や試験である．

2.2.3　モデリングの検討対象

　モデリングは，何らかの対象システムについて，より簡便な形でコントロールできる要素や条件を変化させるとき，どのように着目した事象が変化していくのかという特定の問題に絞って検討される．モデリングでは，より現実に近づける努力は必要であるが，その結果が現実そのものでは意味がない．

　地図の例を考えると，現実そのものを示す細密な原寸大の地図を作ったとしても，その原寸大の地図を広げるためには，地図と同じサイズの空間が必要である．利用者の手のひら，あるいは，狭い空間において，3次元地形データを何らかに省略し，着目すべき対象に絞り込んだものが必要であり，その作業がモデリングである．そして，モデルである地図を利用して，ルート選択などの課題解決をはかることにモデルの役割やモデリングの意義がある．

２．３　モデルの分類

2,3,1　確定モデル

　モデルは性質によって，確定モデル，確率モデル，推論モデルの3つに分類できる（表 2.3.1）．

　確定モデル（Determinate Model）とは，周辺環境などの影響を受けず，挙動が画一的で，不確定要因を含まないモデルである．

　確定モデルの挙動は，シーケンス制御や If-then 制御などによって決定する．シーケンス制御とは逐次記述されている動作に基づく制御であり，If-then 制御とはそのときの状況に応じて確定した動作をする制御である．

　書籍の作成を例に考えると，原稿入稿，印刷，製本，出荷という工程の順序が確定的に決まっているため，確定モデルと言える．

2.3.2　確率モデル
（1）確率モデルの定義

　確率モデル（Probability Model）とは，システムの処理対象，あるいは，システムの構成モデルや要素の不確定挙動，不安定などの変動要因を，確率分布で表現したモデルである．確率分布には，正規分布や指数分布などの理論分布や，実測値や経験値に基づく指定した分布がある．

　例えば，確率分布の 1 つにポアソン分布（Poisson Distribution）がある．ポアソン分布では，確率変数 X が整数 k（0，1，2，…）のみをとり，k の発生確率 P は発生（到着）率 λ に応じて次式で表される．

$$P(X=k)=\frac{e^{-\lambda}\lambda^k}{k!} \qquad (\lambda>0, k=0,1,2,\cdots) \qquad \cdots\cdots \quad (2.1)$$

　物流システムのモデリングでは，システムの処理対象である船舶などの輸送機械の到着に，このポアソン分布を用いることが多い．この場合，λ を輸送機械の到着率と定義し，単位時間 Δt あたりに到着する輸送機械の数が k である確率 $P(X=k)$ を，式（2.1）によって計算する．

　このように，確率モデルでは，ポアソン分布などの理論分布あるいは実測値に基づいた指定分布で，不確定要因をモデリングしている．この確率モデルの挙動は，モンテカルロ法を適用したシミュレーションにより再現される．

（2）モンテカルロ法を適用したシミュレーション

　確率モデルに分類される変動要因が内在するモデルは，システム利用者の到着間隔や故障の発生間隔など，極めて数多く存在している．シミュレーションにおいて，この確率モデルを挙動させる方法は，モンテカルロ法（Monte Carlo Method）として知られている．

　コンピュータが普及する以前では，フローチャートに基づきシミュレーションを単位時間ごとに進捗させ，モデルのイベントの変化やシステムで処理される対象物の状況を把握し，解析していた．確率モデルを含むシステムでは，サイコロや乱数表を用いて確率的な挙動を再現していた．例えば，3 つの機械（機械 A，機械 B，機械 C）の故障という挙動を，サイコロを用いて再現することを考える．いずれの機械も故障する確率が等しい場合，次に故障する機械は，サイコロの目が 1〜2 のとき機械 A，

表 2.3.1　モデルの分類

分類	制御	イメージ	適用例
確定モデル	シーケンス制御	Unloading → Travelling / Travelling → Loading	FAシステムなど
	If‐then 制御	A=OK? → A ／ B	
確率モデル	確率分布に従いモンテカルロ法の適用	$P(X = k) = \dfrac{e^{-\lambda}\lambda^k}{k!}$ $(\lambda > 0, \quad k = 0,1,2,\cdots)$	到着間隔, サービス時間, 故障間隔など
推論モデル	ファジィ理論など	Empirical materials → Fuzzy model → Synthetic and logical decision	あいまいさを有する高度, 経験的な判断など

3～4 のとき機械 B，5～6 のとき機械 C といったように，決定することができる．また，機械 A が故障しやすく，機械 C が故障しにくい場合，次に故障する機械は，サイコロの目が 1～3 のとき機械 A，4～5 のとき機械 B，6 のとき機械 C といったように，決定することができる．なお，乱数表は 0～9 までがランダムに並んでいるので活用しやすい．数字を 1 つずつ読んでいけば一桁の乱数発生器となり，2 つずつ読んでいけば二桁の乱数発生器となる．

　コンピュータを用いたシミュレーションにも，モンテカルロ法は適用されている．コンピュータを用いたシミュレーションでは，サイコロや乱数表が乱数発生関数などに置き換わっている．

（3）確率モデルとシミュレーション

　現代は，コンピュータが普及しており，シミュレーションを手作業で進捗させ，記録することもなくなり，サイコロや乱数表も必要なくなった．特に，乱数の発生は，

多くのアルゴリズムが活用され，プログラム（関数）として提供されている．今日活用されている乱数発生の方法は，何らかの値を初期値として与え，0 から 1 の間の値をランダムに継続的に算出するようになっている．0 から 1 の間のどの区間をとっても平均的に同じ密度で乱数が出るようになっている．

　このとき，確率モデルを内包したシミュレーションで，同一の初期値を用いると，何回シミュレーションを行っても，同じ様に再現され同じ解析結果となる．したがって，確率モデルを用いた場合には，1 回のシミュレーションだけでシステムを評価することは危険である．1 回のシミュレーションで平均的な結果を偶然再現することもあるが稀有である．したがって，確率モデルを内包したシステムシミュレーションでは，複数回のシミュレーションを行い，その結果を解析結果として統計的に扱うことが望ましい．

　なお，アルゴリズムを用いた乱数の発生は，同じような値の発生パターンが一定周期で発見される周期性問題があり，シミュレーション解析結果は厳密に言えば待ち行列理論や確率統計の理論との整合性をとることができない．一様乱数発生のアルゴリズムを使用する際は周期の長さに注意する必要がある．

2.3.3　推論モデル
（1）推論モデルの定義
　推論モデル（Inferable Model）とは，システム内の不確定要因を推論に基づき分析し，推論を適用し挙動させるモデルである．

　不確定な事象をモデリングする際には，確率モデルは有効である．しかし，オペレータ（操縦者，作業員など）の判断は確率モデルで扱いにくい．

　例えば，単に確率分布で扱ったモデルでのシミュレーションでは，オペレータを取巻く環境条件が変化した場合，オペレータの高度かつ経験的な判断を再現できない．また，実地調査などから導出された確率分布を用いたモデルでは，環境が変化した場合，その変化に応じた適切な挙動を再現できるかといった疑問が残る．

（2）推論モデルの必要性
　想定されない環境や状況下でも，オペレータは，それまでの経験と知識から作業を完了させることが可能である．推論モデルも，オペレータと同じように，経験や知識から経験したことがない状況での判断を再現できる特長を持つ．

　オペレータは，作業環境が変化しても，それまでの経験や知識に基づき，新たな作業環境下である程度効率的に作業できる．しかし，シミュレーションで再現されるオペレータの判断は，実地調査時の挙動に基づく確率分布に従うもので，環境条件が変化しても，それには関係なく，もはや何ら合理的な根拠も無い確率分布に従う．

　確率分布のみを用いて変化する環境に応じた適切な判断を再現する場合には，想定される環境や状況をすべて把握し，それぞれに応じた確率分布を導出し，シミュレーションで刻々と変化する状況に対応した適切な確率分布を選択しなければならない．

また，すべての環境や状況の変化を本当に考慮できるかの疑問が残る．さらに，いくつもの環境や状況下における確率分布について，実地調査で得られたものより効率的なものがシミュレーションにより求められた場合，それをオペレータへ伝えても，オペレータの判断メカニズムに対して，具体的にどのように反映させたら良いのか検討が必要となってしまう．

　これらの課題を克服するのであれば，推論を適用したモデリングの方が合理的であったり，モデリングやシミュレーションによる最適解の現場へのフィードバック作業が直感的で早かったりすることもある．

（3）ファジィ理論

　推論に用いられる手法には，ファジィ理論（Fuzzy Theory），ニューラルネットワーク（Neural Network），遺伝的アルゴリズム（Genetic Algorithm：GA）など数多くある．これらの手法は，シミュレーションのモデルに適用可能かつ有効であることが，多くの研究により検証されている．ここでは，特に，ファジィ理論を適用したモデルを解説する．

　ファジィ理論は，事象を論理的にモデリングでき，合理的に，後述するファジィルール（Fuzzy Rule）とメンバーシップ関数（Membership Function）を変更し，最適な推論を実現できる．また，ファジィルールとメンバーシップ関数は，現場レベルで直感的に理解しやすいという利点がある．

　図 2.3.1 に，オペレータの判断のモデルにファジィ理論を適用しモデリングする方法を示す．はじめに，オペレータが選択できるすべての作業を定める．次に，選択できるすべての作業において，極めて簡潔で常識的なルールを抽出し，ファジィルールとする．ファジィルールは，「If 〜，then 〜．」形式で表現される．この「〜」の部分には，あいまいな表現が含まれている場合が多い．例えば，「もし荷役量が多ければ」のように「多い」という表現はあいまいであり，オペレータの判断基準と判断時の状況により定義が異なる．そこで，このあいまいな表現をメンバーシップ関数で定義する．そして，ファジィルールとメンバーシップ関数からファジィ関係（Fuzzy Relation）を導出する．

　シミュレーションでは，オペレータごとに，1 つの作業が終了すると，そのとき状況に応じてファジィ関係から，次の作業を選択する．

　すなわち，ファジィ関係をデータベースとして格納したモデルが推論モデルである．これにより，オペレータの判断をモデリングし再現できる．オペレータの判断に推論モデルを用い，この判断に基づき確定的な性能を持つ機械に確定モデルを用いたモデリングにより，人間－機械系（Human Machine System）の連成したモデルのシミュレーションと解析も可能になる．

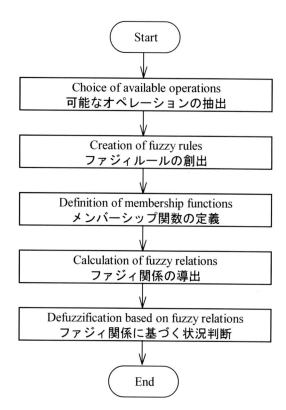

図 2.3.1　ファジィ理論を適用したオペレータの判断の推論モデル

第Ⅱ部

解析

第3章　問題定義

　本章の目的は，シミュレーション解析の第一歩である問題定義について，問題定義の考え方や方法を理解することである．

　そこで本章では，最初に，問題定義そのものの定義や手順などの考え方を示す（3．1）．次に，問題の現状評価やシミュレーション結果の評価のための指標（評価指標）を示す（3．2）．さらに，問題を整理するための手法として概念モデルを示す（3．3）．

3．1　問題抽出・定義

3.1.1　問題定義とは
（1）現場における問題
　現場における問題には様々なものがある．

　工場では，生産量が少ない，設備の稼働率が低い，不良品が多い，仕掛品が多い，生産ラインの緊急停止が発生する，労働災害が発生するなどの問題が発生する．

　倉庫では，空スペースが多い，作業の無駄が多い，荷物の取り出しに時間がかかるなどの問題が発生する．

　銀行では，ATM での待ちが発生する，待合スペースが混雑する，窓口スタッフの熟練度に差がある，資料の取り出しに時間がかかるなどの問題が発生する．

　なお，工場での問題の絞込みでは，QC（Quality Control）活動などが行われる．QC 活動では，4M（Material：材料，Machine：機械，Man：人，Method：方法）などの視点から問題を検討する．

（2）問題定義とは
　問題とは「理想とする状態と現状の差」であり，「理想とする状態」には，「本来あるべき状態」と「将来においてありたい状態」がある．そして，「本来あるべき状態」と「現状」の差が「狭義の問題」，「将来においてありたい状態」と「現状」の差が「課題」である（図 3.1.1）．

　問題定義（Problem Definition）とは，現実の事象から解析対象とする問題を抽出し，明確に設定することである．

　なお，生産の現場では設備や人員の制約から理想とする状態に到達できない場合がある．そのような場合には，現実的な目標を設定することとなる．

（3）発生型の問題と設定型の問題 [2)]
　問題には，「発生型の問題」と「設定型の問題」の2つがある．

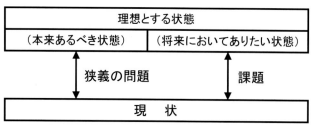

図 3.1.1　理想とする状態と現状の関係[1]

　「発生型の問題」とは，誰の目から見ても明らかにわかる問題である．関係者の間で共通認識が出来上がっている問題であり，原因追求による再発防止が重要である．

　「設定型の問題」とは，見る人によって問題だと思う・思わないがブレる問題である．「あるべき姿」に照らして問題かどうかを説明しなければならない問題であり，「あるべき姿」の設定による問題認識が重要である．

3.1.2　問題定義の手順 [3]

　プロジェクトにおける問題定義は，次の 9 つの手順からなる．

　第一に，検討の目的を定義する．第二に，具体的な問題をリストアップする．第三に，検討の範囲を決定する．第四に，詳細レベルか抽象レベルかを決定する．第五に，シミュレーションモデルが実際に必要であるかを決定する．第六に，検討のために必要な資源を見積もる．第七に，費用便益分析を行う．第八に，提案するプロジェクトの計画図を作成する．第九に，正式な提案書を書く．

3.1.3　問題定義の例　〜ランドセルの組立工程〜

（1）問題定義

　ランドセルの組立工程を対象に，問題定義の例を示す．

　ある工場では，ランドセルを手作業で組み立てている．生産方式はライン生産であり，工程数は 32，作業員数は 34 名である（図 3.1.2）．

　この工場の経営者は生産性を向上したいと考えているが，現場の改善意識が低く，かつ改善の経験が少ないため，なかなか進まない．さらに，長い間，作業員も作業方法も変えていない．また，新しい作業方法の導入を試みたところ，現場からの強い抵抗があり，結局，作業方法を変えられず，仕掛在庫も増えてしまった．

　改善が成功しない原因として，問題定義が曖昧なことと考え，改めて問題定義を行った．まず「生産性の向上」を明確にするため，生産性＝生産数÷投入資源量とした．そして，現在の受注状況から生産数ではなく，投入資源量に着目した．この組立工程における投入資源は原材料と作業員であり，原材料のロスが少ないことから，作業員の削減が課題として明確になった．

　以上のことから「生産性を向上させるための作業員の削減」を問題として定義した．

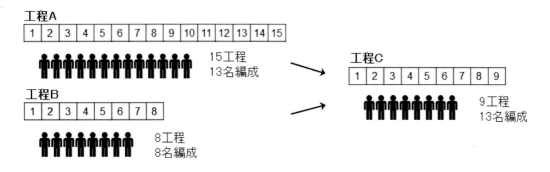

図 3.1.2　ランドセルの組立工程

（2）AS IS と TO BE

　（1）の例について，AS IS（現状）と TO BE（理想とする状態）を整理したところ，2 つの問題定義ができた（表 3.1.1）

　第一の問題は，現場作業員が業務の効率化に対して能動的でないことである（表 3.1.1 の AS IS）．単なる数値データを示すのではなく，シミュレーションの結果を提示することで，意識が変わることが期待される．

　第二の問題は，現在の作業方法と要員構成の正しさである（表 3.1.1 の TO BE）．シミュレーションで現在の状態を再現し，ボトルネックはどこなのか，それぞれの要員の稼働率はどれくらいなのかを確認することで，改善すべき要因が明確になる．

表 3.1.1　AS IS と TO BE

AS IS	・改善への意識が低く，今までのやり方を変えることに強い抵抗がある ・改善経験が少なく，絵や口頭での説明だけでは理解できない（想像できない）
TO BE	・作業方法を改善し，作業工数を低減する ・作業員の編成を変え，作業効率を高め生産性を向上させる（要員削減、仕掛削減）

3.1.4　問題定義での留意事項

（1）問題を特定するためのポイント[4]

　問題を特定するためのポイントには，3 つのポイントがある．

　第一に，問題の全体を正しくとらえることである．様々な問題が発生している場合，すべての問題を正しく把握する必要がある．問題を見落としている場合，正しい原因が究明できない場合がある．

　第二に，問題を適切に絞り込むことである．問題の発生場所や時間などを具体的に絞り込むことで，より正確な問題が見えてくる．

　第三に，論拠をつけて問題を特定することである．本当に問題が存在しているかをデータで裏付けて確認する．

（2）関係者間の共通認識

　問題定義にあたっては，関係者間の共通認識を得る必要がある．シミュレーションの関係者には，①シミュレーション技術者，②現場の人（現場のシステムを詳しく知る人），③意思決定者がいる（図3.1.3）．

　これらの関係者が，問題明確化のためのいくつかの項目について，合意する必要がある．問題明確化のための項目には，「システムが存在するのであれば，それにどのような具体的問題が存在するのか」「モデルを構築することによって解明すべき具体的課題（5～10項目程度）は何か」「モデルを意思決定プロセスにいかに活用するか」「モデルの最終ユーザはだれか」「システムの評価尺度は何か」といったことがある．

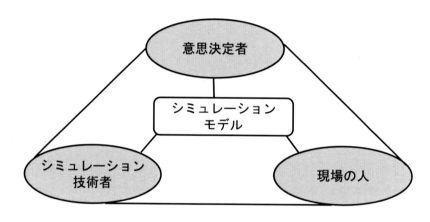

図 3.1.3　シミュレーションの関係者 [5]

3．2　評価指標

3.2.1　評価指標の定義

　評価指標とは，物事の達成度を定量的に評価するための指標である．評価指標の種類は様々なものがあり，業種や企業ごとに異なる．

　なお，企業目標の達成度を評価するための主要な評価指標を，KPI（Key Performance Indicator：主要業績評価指標）と呼ぶ．

3.2.2　評価項目 [6]

　評価指標には様々な種類があるが，1つの分類方法として，P・Q・C・D・S・M・Eの7つの評価項目がある．

　P（Productivity：生産性）は，より少ない投入資源でより多くの製品を生産・供給することである．

　Q（Quality：品質）は，設計通りの品質が実現できることである．

C（Cost：価格）は，設計通りのコストが実現できることである．

D（Delivery：納期）は，顧客が必要とするときに，必要なだけ顧客の手が届くところに準備できることである．

S（Safety：安全）は，安全で労働災害がなく，快適な職場であることである．

M（Moral：規律・士気）は，秩序があり，また活気のある職場であることである．

E（Environment：環境）は，地球と周辺環境に配慮していることである．

3.2.3　製造業で用いられる代表的な評価指標

シミュレーションを利用する立場や業種業界，各種状況や場面ごとに，その目的に応じた様々な評価項目が存在する．表 3.2.1 に製造業で用いられている主な評価指標を紹介する．

表 3.2.1　製造業で用いられる代表的な評価指標

評価対象	評価指標	補足
製品・部品	総生産量	シミュレーション時間中に完成した数量
	スループット	単位時間の生産量 総生産量／シミュレーション時間
	平均リードタイム	製品や部品1個あたりの生産時間
機械	稼働率	人又は機械における就業時間若しくは利用可能時間に対する有効稼働時間との比率 生産順序，故障，段取り，ブッキングなどを検討
	可動率 (可用率)	必要とされるときに設備が使用中又は運転可能である確率 故障，段取り，ブッキングなどを検討
	処理回数	故障発生回数や段取り発生回数なども重要
保管スペース	最大在庫量	保管スペースの容量の決定に用いる
	平均在庫量	
搬送設備	OD数	OD（Origin-Destination）間ごとの搬送量
	稼働率	空移動，搬送待ちなどの非稼働を考慮
リソース（作業者など）	稼働率	手持ちの割合・適正作業人数の算定
	作業回数	どこで何回作業を行ったか．何の作業を何回行ったか

3．3　概念モデルの設計

3.3.1　概念モデルの定義

概念モデルとは，「事象の本質を抽出して単純化した構造図」である．概念モデル

は，シミュレーションモデルを構築する際の基本となる．概念モデルの代表的な表現方法に，UML（Unified Modeling Language）がある（表3.3.1）.

表3.3.1　UML 図の種類

分類	種類	解説
構造図	クラス図	システムを構成するクラス（概念）とそれらの間に存在する関連の構造を表現する。ユーザの視点から、システムを構成する物や概念を表す。
	複合構造図	コンポーネントや個々のクラスとその構成要素（パーツ）を示すのに適した図である。構成要素間の結びつきや役割、外部との境界を定義できる。
	コンポーネント図	物理的な構成要素（ファイル、ヘッダ、ライブラリ、モジュール、実行可能ファイルやパッケージなど）からシステムの構造を表現する。
	配置図	ハードウェアとアプリケーションとの関係を図示したもの。
	オブジェクト図	クラスを実体化して生成されたオブジェクト同士の関係を表現する。
	パッケージ図	パッケージ同士の依存関係を描画することで論理的なグルーピングをするための図で、クラス図の一部である。パッケージは、慣例的にはディレクトリ構造のように表すことができる。パッケージ図では、システムを論理的な階層構造に分解するのに役立つ。
振る舞い図	ユースケース図	システムの機能などを、ユーザの視点などを含めた「ユースケース」として図示するもの。これを、有効に活用することにより、システムの全体像を開発者とユーザが一緒に評価しやすくなる、であるとか、完成後のシステムがユーザの要望に合わないという問題を軽減できる、といったように主張される。
	アクティビティ図	フローチャートである。
	ステートマシン図	状態遷移図である。
	シーケンス図	オブジェクト間のメッセージの流れを時系列に表す。図の中に時間の流れが存在するため、イベントの発生順序やオブジェクト間の生存時間を記述することができる。
	コミュニケーション図	オブジェクト間のメッセージのやり取りを示す。シーケンス図とは、異なりオブジェクトを中心に記述する。UML2.xから一部の表記変更と共にコラボレーション図から、コミュニケーション図に名称が変更された。
	相互作用概要図	機能ごとに記述された相互作用図（ユースケース図やシーケンス図など）が、より広域のシステム構成から見たとき、それぞれがどのように連携しているのかを表現する。具体的には、相互作用図をアクティビティ図の構成要素として使用する。
	タイミング図	クラスやオブジェクトの状態を時系列で表す。状態遷移を起こすタイミング（きっかけ）や他のオブジェクトに対するメッセージなどを表現することが出来る。

出典）各種資料

3.3.2　UML の概要

　UML（Unified Modeling Language）とは，主にオブジェクト指向分析や設計のための，記法の統一がはかられたモデリング言語である．UML には，構造図と振る舞い図がある．

　構造図（Structure Diagram）とはシステムの静的な構造を表す図であり，クラス図，複合構造図，コンポーネント図，配置図，オブジェクト図，パッケージ図などが

ある．

　振る舞い図（Behavior Diagram）とはシステムの活動や状態を表す図であり，ユースケース図，アクティビティ図，ステートマシン図，相互作用図などがある．

　ここでは，シミュレーション解析の過程で良く利用される UML として，構造図のクラス図・配置図・パッケージ図，振る舞い図のユースケース図・アクティビティ図・ステートマシン図の例を紹介する．

3.3.3　構造図
（1）クラス図

　クラス図とは，システムを構成するクラス（概念）とそれらの間に存在する関連の構造を表現する．ユーザの視点から，システムを構成する物や概念を表す．

　図 3.3.1 は勤怠システムのクラス図の例である．作業員はエンジニアとスタッフで構成されており，各作業員は部署と紐づいている．

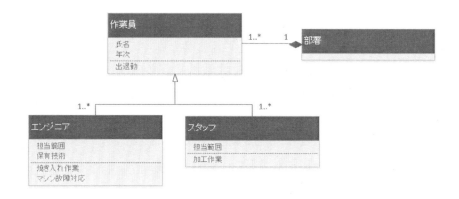

図 3.3.1　クラス図の例（勤怠システム）

（2）配置図

　配置図とは，ハードウェアとアプリケーションとの関係を図示したものである．

　図 3.3.2 は Web データベースシステムの配置図の例である．ハードウェアにはクライアント・Web サーバー・アプリケーションサーバーがあり，アプリケーションには・在庫 DB・生産計画 DB・製品マスタ DB がある．クライアントは，Web サーバーとアプリケーションサーバーを経由して，各 DB を利用することを示している．

（3）パッケージ図

　パッケージ図とは，パッケージ同士の依存関係を描画することで論理的なグルーピングをするための図で，クラス図の一部である．パッケージは，慣例的にはディレクトリ構造のように表すことができる．パッケージ図では，システムを論理的な階層構造に分解するのに役立つ．

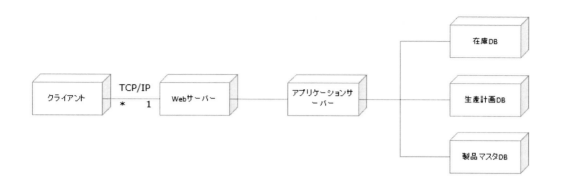

図 3.3.2　配置図の例（Web データベースシステム）

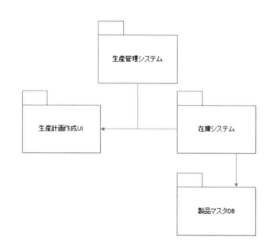

図 3.3.3　パッケージ図の例（生産システム）

　図 3.3.3 は生産システムのパッケージ図の例である．生産システムは生産管理システムと在庫管理システムで構成されており，生産計画作成 UI（ユーザーインターフェース）は各システムから情報を入手することを示している．

3.3.4　振る舞い図
（1）ユースケース図
　ユースケース図とは，システムの機能などを，ユーザの視点を含めた「ユースケース」として図示するものである．
　図 3.3.4 は作業管理システムのユースケース図の例である．作業管理システムは，作業検索，作業員検索，作業場所設定，作業内容設定の 4 つから構成されている．現場監督者は 4 つのすべてを利用し，現場作業者は作業検索のみを利用することを示している．

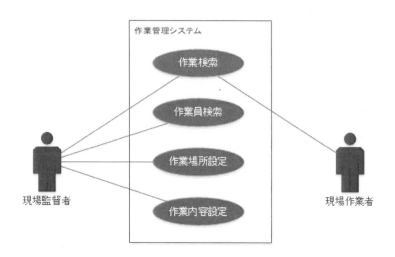

図3.3.4　ユースケース図の例（作業管理システム）

（2）アクティビティ図

　アクティビティ図とは，フローチャートである.

　図3.3.5は洗浄工程のアクティビティ図の例である．洗浄工程は，処理製品の確認から始まり，製品A・Bそれぞれで処理過程が異なることを示している.

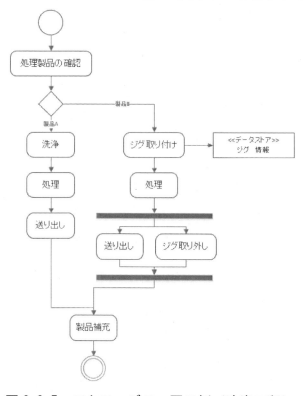

図3.3.5　アクティビティ図の例（洗浄工程）

（３）ステートマシン図

ステートマシン図とは，状態遷移図である．

図 3.3.6 は粉体の成型工程のステートマシン図の例である．粉体は，原版，加工済みシートと状態を変化させ，製品によって焼入れをする場合と焼入れをしない場合があることを示している．

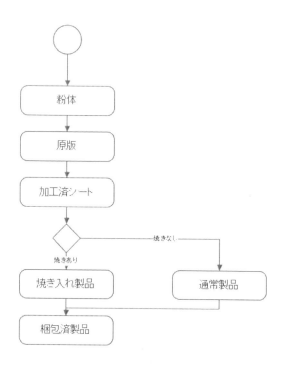

図 3.3.6　ステートマシン図の例（粉体の成型工程）

参考文献

1) 岩崎日出男・泉井力：「クォリティマネジメント入門」，日本規格協会，pp.89-90，2004 年

2) 高田貴久・岩澤智之：「問題解決」，英治出版，pp.186-188，2014 年

3) Raid Al-Aomar, Edward J. Williams, Onur M. Ulgen: "Process simulation using WITNESS", WILEY, p.332, 2015

4) 高田貴久・岩澤智之：「問題解決」，英治出版，pp.67-68，2014 年

5) 野本真輔・久木野誠・越川克己：「FACTOR/AIM による実践シミュレーション」，共立出版，pp.3-5，2001 年

6) 日刊工業新聞：工場管理，7 月特別増大号，2018 年 7 月号　Vol.64 No.9，p.28，2018 年

第4章　データの収集

　本章の目的は，シミュレーションで用いるデータの分類や，データの収集方法を理解することである．

　そこで本章では，最初に，作成方法，用途，状態，収集方法の4つの視点から，シミュレーションで用いるデータの分類を示す（4．1）．次に，収集方法による分類のうち，調査データに着目し，データの収集方法を示す（4．2）．さらに，調査データ以外に関しても，収集方法を簡単に示す（4．3）．

4．1　シミュレーションで用いるデータの分類

4.1.1　作成方法によるデータの分類

　シミュレーションで用いるデータの分類方法には，作成方法による分類，用途による分類，状態による分類，収集方法による分類の4つがある．

　作成方法によるデータの分類には，観測データ，履歴データ，仮想データがある（図4.1.1）．

　観測データとは，シミュレーションの対象を観測して得るデータのことである．

　履歴データとは，シミュレーションの対象の過去の稼働実績データのことである．

　仮想データとは，シミュレーション実施者が仮想したデータのことである．

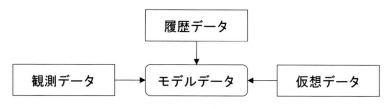

図 4.1.1　作成方法によるデータの分類

参考文献 1) を基に筆者が作成

4.1.2　用途によるデータの分類

　用途によるデータの分類には，入力データ，出力データ，検証用データがある（図4.1.2）．

　入力データとは，シミュレーションに入力するデータである．

　出力データとは，シミュレーションを実行して得られたデータである．

　検証用データとは，モデルの再現性を検証するためのデータである．

4.1.3　状態によるデータの分類

　状態によるデータの分類には，用意されたデータ，収集可能なデータ，収集不可能

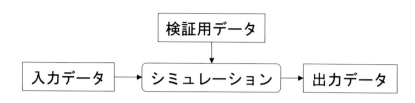

図 4.1.2　用途によるデータの分類

なデータがある.

　用意されたデータとは, データは簡単に利用可能で, モデルにすぐ使えるような形で整理されたデータである.

　収集可能なデータとは, データフォーマットが異なるか, まだ収集されていないデータである.

　収集不可能なデータとは, 現時点で, データは得られず, 容易に収集できないデータである. 例えば, 新しく導入を計画している機械装置のサイクルタイムなどがある. 収集不可能な場合は, 推定値を使うこととなる. 推計値は, メーカーのデータを用いたり, 感度分析を行ったりすることで得られる. なお, 推定値を使用した場合には, 記録を残すことが望ましい (表 4.1.1).

　ここで, サイクルタイムとは, 日本産業規格 (JIS) では「生産ラインに資材を投入する時間間隔」(JISZ8141) と定義され「サイクル時間」あるいは「ピッチタイム」ともよばれている. 一方, シミュレーションでサイクルタイムを取り扱う際は, 機械装置が 1 つのオブジェクトを処理する時間として扱うことが多い. 本書では, サイクルタイムを後者の機械装置の処理時間として扱う.

表 4.1.1　推定値を得る方法の例 [2)]

方法	内容
メーカーのデータ	機械メーカーは, 通常, 機械の性能や仕様を文書に記述している
感度分析	未知のパラメータ(例えば, マシンサイクルタイム)を大きな値と小さな値で順番に置き換え, 全体のシミュレーション結果を比較する. もしも結果が類似ならば, マシンのサイクルタイムは, 全プロセスに対しては重要な部分ではなく, おおざっぱなサイクルタイムの推定値で十分である. もしも, 結果が著しく異なれば, マシンサイクルタイムは, 重要な統計データであり, 正確に推定する作業が必要である

4.1.4　収集方法によるデータの分類

　収集方法によるデータの分類には, 調査データ, 実験データ, 統計データ, オープンデータ, 稼働データ, その他のデータの 6 つがある (表 4.1.2).

　調査データとは, 観測調査, アンケート調査, ヒアリング調査などの調査によって得られるデータである.

実験データとは，耐久試験，性能試験などの実験によって得られるデータである．

統計データとは，国や自治体が調査・公開しているデータである．

オープンデータとは，民間企業などがインターネットで公開しているデータである．統計データもオープンデータに含まれる場合がある．

稼働データとは，機械等の稼働履歴を表すデータである．稼働データは機械等に蓄積され，情報通信（M2M）や機械等との直結によって得られる．

その他のデータには，メーカーの発行している製品カタログや，行政の公表している環境基準などがある．

表 4.1.2　データの収集方法

収集方法	内容
調査データ	観測調査、アンケート調査、ヒアリング調査など
実験データ	耐久試験、性能試験など
統計データ	ホームページ（国、自治体など）
オープンデータ	ホームページ（民間企業など）
稼働データ	M2M（Machine to Machine）、ダウンロード
その他のデータ	カタログ、報告書など

４．２　調査データの収集方法

4.2.1　代表的な収集方法

調査データの代表的な収集方法には，観測調査，アンケート調査，ヒアリング調査などがある．観測調査には，ストップウォッチ法，ワークサンプリング法，PTS 法がある．

本節では，3 つの観測調査を解説する．

4.2.2　ストップウォッチ法
（１）ストップウォッチ法の概要

ストップウォッチ法とは，観測対象となる作業者，機械設備，運搬車両などの挙動を分類し，それらの 1 サイクル挙動の中で生じた 1 つの動作や停止などの時刻を記録する方法である．

ストップウォッチ法には，①連続観測法と②反復観測法がある．①連続観測法とは，最初の作業開始時にストップウォッチを押し，2 つ目以降の作業は開始時刻を記録する方法である．②反復観測法とは，各作業の開始時にストップウォッチを押し，終了時にストップウォッチを止めて記録する方法である．

ストップウォッチ法により得た複数の時刻から，時刻と時刻の間隔（時間）を算出できる（表 4.2.1）．

表4.2.1　ストップウォッチ法で取得したデータの例

No.	到着時刻	サービス開始時刻	サービス終了時刻	出発時刻
1	10:00	10:00	10:05	10:05
2	10:10	10:10	10:20	10:20
3	10:15	10:20	10:30	10:30
4	10:20	10:30	10:35	10:35
5	10:25	10:35	10:40	10:40
6	10:25	10:40	10:50	10:50
7	10:30	10:50	10:55	10:55
8	10:50	10:55	11:00	11:00
9	11:00	11:00	11:10	11:10
10	11:00	11:10	11:15	11:15

（2）ストップウォッチ法の特徴

　観測中に生じた全事象をもれなく記録するため，正確なデータを収集できる．

　一方，複数の観測対象が離れた場所にある場合，観測者の数が増えるといった課題もあり，多くのデータを得るために，コストが大きくなる．

（3）ストップウォッチ法で得られるデータ
1）部品や運搬車両の到着間隔，到着率

　ストップウォッチ法で収集したデータにより，部品や運搬車両の到着時刻を記録し，部品と部品（車両と車両）の到着間隔（時間）を算定する．算定する時間帯を区分すると，到着間隔に大きな変動がある場合もある（表4.2.2）．

　到着率は，単位時間あたりに何台の車両が到着するかを表したものである．

表4.2.2　到着間隔の計算例

No.	到着時刻	サービス開始時刻	サービス終了時刻	出発時刻	到着間隔（分）
1	10:00	10:00	10:05	10:05	–
2	10:10	10:10	10:20	10:20	10
3	10:15	10:20	10:30	10:30	5
4	10:20	10:30	10:35	10:35	5
5	10:25	10:35	10:40	10:40	5
6	10:25	10:40	10:50	10:50	0
7	10:30	10:50	10:55	10:55	5
8	10:50	10:55	11:00	11:00	20
9	11:00	11:00	11:10	11:10	10
10	11:00	11:10	11:15	11:15	0

2）サービス時間

　ストップウォッチ法で収集したデータにより，作業工程や運搬車両のサービス開始時刻とサービス終了時刻から，サービスに要した時間を得ることができる（表4.2.3）．

表 4.2.3　サービス時間の計算例

No.	到着時刻	サービス 開始時刻	サービス 終了時刻	出発時刻	サービス 時間(分)
1	10:00	10:00	10:05	10:05	5
2	10:10	10:10	10:20	10:20	10
3	10:15	10:20	10:30	10:30	10
4	10:20	10:30	10:35	10:35	5
5	10:25	10:35	10:40	10:40	5
6	10:25	10:40	10:50	10:50	10
7	10:30	10:50	10:55	10:55	5
8	10:50	10:55	11:00	11:00	5
9	11:00	11:00	11:10	11:10	10
10	11:00	11:10	11:15	11:15	5

3）待ち時間

　ストップウォッチ法により，到着したもののチェッカー（窓口）が他車に占有されており，サービスを受けられない状態で待っている時間を，待ち時間と定義する．待ちの開始時刻と終了時刻から，一個の部品（一台の運搬車両）の待ち時間を算定することができる（表 4.2.4）．

表 4.2.4　待ち間隔の計算例

No.	到着時刻	サービス 開始時刻	サービス 終了時刻	出発時刻	待ち時間 （分）
1	10:00	10:00	10:05	10:05	0
2	10:10	10:10	10:20	10:20	0
3	10:15	10:20	10:30	10:30	5
4	10:20	10:30	10:35	10:35	10
5	10:25	10:35	10:40	10:40	10
6	10:25	10:40	10:50	10:50	15
7	10:30	10:50	10:55	10:55	20
8	10:50	10:55	11:00	11:00	5
9	11:00	11:00	11:10	11:10	0
10	11:00	11:10	11:15	11:15	10

4）滞在時間

　ストップウォッチ法により，一個の部品（一台の運搬車両）が到着した時刻と，サービスを受けてシステムから退出した時刻から，滞在時間を算定できる（表 4.2.5）．

4.2.3　ワークサンプリング法
（1）ワークサンプリング法の概要

　ワークサンプリング法とは，観測者がランダムに定めた時刻に観測（サンプリング）を行い，作業者，機械設備，運搬車両の有無，状況を記述する方法である（表 4.2.6）．
　例えば，単純に考えれば，観測回数 100 回のうち，チェッカーが 12 回稼働していれば，稼働率 12%となる．連続観測法と比較して簡易にデータ収集が行えるように

表 4.2.5　滞在間隔の計算例

No.	到着時刻	サービス開始時刻	サービス終了時刻	出発時刻	滞在時間（分）
1	10:00	10:00	10:05	10:05	5
2	10:10	10:10	10:20	10:20	10
3	10:15	10:20	10:30	10:30	15
4	10:20	10:30	10:35	10:35	15
5	10:25	10:35	10:40	10:40	15
6	10:25	10:40	10:50	10:50	25
7	10:30	10:50	10:55	10:55	25
8	10:50	10:55	11:00	11:00	10
9	11:00	11:00	11:10	11:10	10
10	11:00	11:10	11:15	11:15	15

表 4.2.6　ワークサンプリング法で取得したデータの例

No.	観測時刻	待ち行列長（人）	サービスの実施状況
1	10:00	0	停止
2	10:10	0	実施
3	10:15	1	実施
4	10:20	2	実施
5	10:25	2	実施
6	10:25	3	実施
7	10:30	4	実施
8	10:50	1	実施
9	11:00	0	停止
10	11:00	1	実施

思われるが，観測間隔のとり方，サンプリングの回数によっては，偏ったデータが導出される可能性もある．

（2）ワークサンプリング法の特徴

ストップウォッチ法に比べて，データが収集しやすくコストが安い．一方で，偏ったデータが導出される可能性がある（観測間隔の取り方，サンプリングの回数など）．

（3）ワークサンプリング法で得られるデータ
1）平均待ち行列長さ

ワークサンプリング法により，サービス待ちをしている仕掛品や運搬車両などの平均数（平均待ち行列長さ）を求める（表 4.2.7）．

2）平均滞在数

ワークサンプリング法により，サービス待ちやサービスを受けているシステム内に滞在している仕掛品や運搬車両などの平均数（平均滞在数）を求める（表 4.2.8）．

表 4.2.7　平均待ち行列長さの計算例

No.	観測時刻	待ち行列長 （人）	サービス の実施状況
1	10:00	0	停止
2	10:10	0	実施
3	10:15	1	実施
4	10:20	2	実施
5	10:25	2	実施
6	10:25	3	実施
7	10:30	4	実施
8	10:50	1	実施
9	11:00	0	停止
10	11:00	1	実施
平均待ち行列長さ（人）		1.4	

表 4.2.8　平均滞在数の計算例

No.	観測時刻	待ち行列長 （人）	サービス の実施状況	滞在数 （人）
1	10:00	0	停止	0
2	10:10	0	実施	1
3	10:15	1	実施	2
4	10:20	2	実施	3
5	10:25	2	実施	3
6	10:25	3	実施	4
7	10:30	4	実施	5
8	10:50	1	実施	2
9	11:00	0	停止	0
10	11:00	1	実施	2
		平均滞在数（人）		2.2

３）サービスの稼働率

　ワークサンプリング法により，サービスが提供されている割合（稼働率）を求める（表 4.2.9）．

表 4.2.9　稼働率の計算例

No.	観測時刻	待ち行列長 （人）	サービス の実施状況
1	10:00	0	停止
2	10:10	0	実施
3	10:15	1	実施
4	10:20	2	実施
5	10:25	2	実施
6	10:25	3	実施
7	10:30	4	実施
8	10:50	1	実施
9	11:00	0	停止
10	11:00	1	実施
稼働率（%）		80	

4.2.4　PTS 法

PTS（Predetermined Time Standard system）法とは，「要素動作（motion）または運動（movement）に対して，あらかじめ定めた一定の要素時間値を適用して，個々の作業の時間値を設定する」方法である．[3]

PTS 法を用いることで，ストップウィッチ法などのように実際の作業者の時間測定を行わなくても，作業者の作業手順を把握していれば作業時間が推定できる．

4.2.5　取得困難なデータの収集方法

調査の手間や費用，計測器の不足などにより，データの取得が困難な場合がある．データの取得が困難な場合，他の収集可能なデータを加工し，ほしいデータを得ることがある．

例えば，ショベルの掘削回数を入手したいとき，調査員が観測してカウントすると手間や費用がかかる．もし，掘削時間（時間／日）と一回当たりの掘削時間（時間／回）がわかれば掘削回数（回／日）を得ることができ，掘削量（kg／日）と一回当たりの掘削量（kg／回）がわかれば掘削回数（回／日）を得ることができる．

4．3　その他のデータの収集方法

4.3.1　実験データ

実験データの代表的な収集方法に，ベンチテスト，破壊試験，耐久試験，性能試験がある．

ベンチテストとは，実験室内にシミュレーション対象の一部，またはシミュレーション対象を簡易化した装置を再現する方法である．

破壊試験とは，「試験片や実際の機械構造物あるいはそのモデルに徐々に増大する静的あるいは動的負荷荷重を加えて破壊にいたらしめ，耐えうる最大の荷重，変位ならびに破壊荷重，破壊形態を調べる目的で行う試験」である．[4]

耐久試験とは，「設計上想定されている負荷条件に対して，機械・構造物が耐久性を有することを確認するために，実機，モデル，試験片を用いて行われる寿命試験」である．[5]

4.3.2　統計データ

統計データは，国や自治体のホームページよりダウンロードできる．

統計データには，国勢調査，経済センサス，全国貨物純流動調査（物流センサス），などがある（表 4.4.1）．

統計データを使用する際には，一次データと二次データがある，調査対象が限定されている場合がある，調査年次に留意する，秘匿処理されている場合があるなどの留

意事項がある.

　シミュレーションの入力データとして使われる. 例えば, 将来人口をシミュレーションする際の入力データとして, 過去から現在までの出生率や離職率の推移が用いられる. また, 測定できないデータの参考値として使われる.

表4.4.1　統計データの例

データ名	概要
国勢調査	国内の人口・世帯の実態を把握し、各種行政施策その他の基礎資料を得ることを目的に、5年に1回実施される調査
経済センサス	事業所及び企業の経済活動の状況を明らかにし、我が国における包括的な産業構造を明らかにするとともに、事業所・企業を対象とする各種統計調査の実施のための母集団情報を整備することを目的とする調査
全国貨物純流動調査（物流センサス）	荷主企業など出荷側から貨物の動きを調査するものとして、全国を対象に輸送手段を網羅的に把握する実態調査

4.3.3　オープンデータ

　オープンデータは, 民間企業などのホームページからダウンロードできる. 近年では, 行政がオープンデータの活用推進を図っている. 我が国では, 電子行政オープンデータ戦略によって, オープンデータ化が進んでいる.

　民間企業において, 自社の経営改善の方策を検討するにあたって, 公開コンペティションを行っている場合がある. その際に, 自社内の倉庫の入出荷実績などを提供している例がある.

　オープンデータのほとんどは利用目的を制限しており, オープンしているからといって, 勝手に転記などをして良いものではない.

　シミュレーションの入力データとして使われている. 例えば, 交通量は天候に影響を受けるため, 交通量の予測シミュレーションに気象情報が用いられている.

参考文献

1) Raid Al-Aomar, Edward J. Williams, Onur M. Ulgen: "Process simulation using WITNESS", WILEY, p.27, 2015
2) WITNESS PwE ヘルプ
3) 工藤市兵衛・福田康明・中村 雅章・鈴木達夫・野村重信・近藤 高司：「現代生産管理」, p.99, 同友館, 1994年
4) 日本機械学会ホームページ：機械工学辞典「破壊試験」
　（https://www.jsme.or.jp/jsme-medwiki/07:1010079）
5) 日本機械学会ホームページ：機械工学辞典「耐久試験」

（https://www.jsme.or.jp/jsme-medwiki/07:1007581）

第 5 章　データの加工

　本章の目的は，収集されたデータを統計処理等によりシミュレーションで利用できるデータとして加工する方法を理解することである．

　そこで本章では，統計の基礎知識として基本統計量を示す（5．1）．次に，シミュレーションのためのデータの加工についての流れを示し（5．2），具体的な加工方法について示す（5．3）．最後に，加工されたデータがどのよう確率分布に従っているかを求める方法について示す（5．4）．

5．1　統計の基礎知識

5.1.1　統計的手法

　アンケートや計測などのさまざまな方法で収集したデータは，アンケート回答者や計測機器の理由によりデータの欠損や異常な値を含んでいる場合があり，得られたデータをそのままシミュレーションで利用できない．そのため，統計処理等により，シミュレーションで利用できるデータとして加工する必要がある．

　シミュレーションで利用できるデータとして加工するにあたっては，収集したデータがどのような傾向にあるかを，統計的手法を用いて捉える必要がある．

　統計的手法には，記述統計（Descriptive Statistics）と推計統計（Inductive Statistics）の 2 つがある．記述統計とは，通常よく使われる平均や標準偏差などの統計量を用いて分布の特性を明らかにする方法である．また，推計統計とは，収集した標本データから母集団の性質を確率統計的に推測する方法である．つまり，記述統計は収集したデータ全体を対象とするが，推計統計は収集したデータは母集団の一部と考える．本章では記述統計を中心に扱う．

5.1.2　基本統計量 [1) 2) 3)]
（1）基本統計量の種類

　基本統計量とは，データの基本的な特徴を表す統計量であり，要約統計量とも呼ばれる．主な基本統計量には，代表値と散布度とその他の値がある．代表値は，そのデータ全体を表す値であり，平均値，中央値，最頻値，最小値，最大値がある．散布度は，データの散らばりを表す度であり，分散，不偏分散，標準偏差，標準誤差，尖度，歪度，範囲がある．その他の値には，標本数，合計がある．

（2）代表値
1）平均値（Mean Average）

　平均値とは，データの総和をデータの個数で割った値である．標本平均値$\bar{x}$は，収

集したデータ数をn個，それぞれのデータを$x_1, x_2, x_3, \cdots, x_n$としたとき，(5.1)式で示される．母集団の平均である母平均は一般的にμで表す．

$$\bar{x} = \frac{1}{n}\sum_{i=1}^{n} x_i \qquad (5.1)$$

２）中央値（Median）

中央値とは，データに順位を付けた時の真ん中の順位の値である．データ数が奇数の場合は中央の１つの値であり，データ数が偶数の場合は中央の２つの値の平均値である．

３）最頻値（Mode）

最頻値とは，データの中で度数分布において，最も高い頻度を示す値である．

４）最小値（Minimum）

最小値とは，データの中で最も小さい値である．

５）最大値（Maximum）

最大値とは，データの中で最も大きい値である．

（２）散布度
１）分散（Variance）

分散とは，データのばらつきを表す値である．標本分散s^2は，データ数をn個，それぞれのデータを$x_1, x_2, x_3, \cdots, x_n$としたとき，(5.2)式に示される．母集団の分散である母分散は一般的にσ^2で表す．

$$s^2 = \frac{1}{n}\sum_{i=1}^{n}(x_i - \bar{x})^2 \qquad (5.2)$$

２）不偏分散（Unbiased Variance）

不偏分散とは，標本分散の期待値は母分散とは等しくないが，不偏分散の期待値と母分散と等しくなるようにした統計量で，母分散を推定する不偏推定量（Unbiased Estimator）である．不偏分散v^2は，標本分散の期待値が母分散に等しくなるように標本分散に$n/(n-1)$をかけて補正したもので，(5.3)式に示される．

$$v^2 = s^2 \times \frac{n}{n-1} = \frac{1}{n-1}\sum_{i=1}^{n}(x_i - \bar{x})^2 \qquad (5.3)$$

3）標準偏差（Standard Deviation）

標準偏差とは，データのばらつきを表す値である．標準偏差sは，分散がs^2のとき，(5.4)式に示される．

なお，分散と標準偏差は，ともにデータのばらつきを表す値であるが，分散はデータと単位が異なり，標準偏差はデータと単位が一致する．例えば，データの単位が m（メートル）のとき，分散の単位は m^2，標準偏差の単位は m である．

$$s = \sqrt{s^2} \qquad (5.4)$$

4）標準誤差（Standard Error）

標準誤差とは，統計量のばらつきを表す値である．標準誤差SEは，標準偏差s，母集団からn個を標本とするとき，(5.5)式に示される．

$$SE = \frac{s}{\sqrt{n}} \qquad (5.5)$$

5）尖度（Kurtosis）

尖度とは，データの分布の左右非対称性の度合いを表す値である．尖度が大きい場合は尖った分布であり，尖度が小さい場合はなだらかな分布である．尖度kuは，データ数をn個，それぞれのデータを$x_1, x_2, x_3, \cdots, x_n$，データの平均値を$\bar{x}$，標準偏差を$s$とするとき，(5.6)式に示される．

$$ku = \frac{1}{n}\sum_{i=1}^{n}\left(\frac{(x_i - \bar{x})^4}{s^4}\right) \qquad (5.6)$$

6）歪度（Skewness）

歪度とは，データの分布の峰の鋭さ（裾野の広がり）を表す値である．歪度が 0 の場合は左右対称の分布，歪度が負の場合は右に偏った分布，歪度が正の場合は左に偏った分布である．歪度skは，データ数をn個，それぞれのデータを$x_1, x_2, x_3, \cdots, x_n$，データの平均値を$\bar{x}$，標準偏差を$s$とするとき，(5.7)式に示される．

$$sk = \frac{1}{n}\sum_{i=1}^{n}\left(\frac{(x_i - \bar{x})^3}{s^3}\right) \qquad (5.7)$$

7）範囲（range）

範囲とは，データの中の最大値と最小値の差である．範囲Rは，収集したデータの最大値をx_{max}，最小値x_{min}をとしたとき，(5.8)式で示される．

$$R = x_{max} - x_{min} \qquad (5.8)$$

（3）その他

1）標本数（sample）

標本数とは，データの個数である．

2）合計（total）

合計とは，すべてのデータの総和である．合計Sは，収集したデータ数をn個，それぞれのデータを$x_1, x_2, x_3, \cdots, x_n$としたとき，(5.9)式で示される．

$$S = \sum_{i=1}^{n} x_i \qquad (5.9)$$

５．２　シミュレーションのためのデータの加工手順

シミュレーションでは，例えば，処理時間などが変動するが，その変動は確率分布に従って挙動させることができる．シミュレーションは現実の挙動を模したものであり現実の挙動と似た振る舞いを行う確率分布を推定し設定する必要がある．現実のシミュレーション対象からデータを収集し，統計的処理を行うことにより，この挙動がどのような確率分布に従っているかを求めるために，図 5.2.1 に示すような手順で処理を行う．

まず，現実のシミュレーション対象からアンケートや計測などさまざまな方法で収集されたデータは，想定した以外のデータ形式や，データの欠如，何らかの原因が起因で生じた異常値が含まれている．そのため，シミュレーションで利用可能なデータ

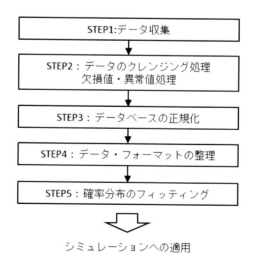

図 5.2.1　シミュレーションのためのデータの加工手順

にするためのクレンジング処理が必要になる．クレンジング処理されたデータは，管理や検索が容易なデータベースのシステムに保存する場合もある．得られたデータをデータベースに格納する際に管理が容易になるよう格納する形式を変更する正規化を行う．また，シミュレーションソフトウェアにデータを読み込ませて実行する場合，ソフトウェアにあった形式にデータ・フォーマットを整理しておく必要がある．

　最後に，得られたデータがどのような確率分布に従っているかを推定するため，パラメータを調整することにより理論的な確率分布と収集されたデータの分布をフィットさせる．これにより，収集されたデータが確率分布として扱うことができるようになりシミュレーションソフトウェアに実装が可能となる．

５．３　シミュレーションのためのデータの加工

5.3.1　データ・クレンジング
（1）データ・クレンジングとは
　何らかの理由により想定していたデータが得られなかった場合，収集したデータの整理や補正を行う．ここでは，データ・クレンジング，欠測値処理，異常値の検知と処理について取り扱う．

　収集したデータの形式が指定した形式と異なる場合，シミュレーションで利用できない可能性がある．例えば，半角と全角が混在や区切り記号の統一がされていないなどの形式の揺らぎがある場合である．

　データ・クレンジングとは，データ処理ができるように統一した形式に加工することである．

（2）データ・クレンジングの例
　データ・クレンジングの対象の例を，表 5.3.1 に挙げる．

　データ・クレンジングの対象は，収集されたデータの特性や収集時の状況に依存しデータ収集の前にある程度想定ができるが，データが収集されてから新たなデータの揺らぎが分かる場合もある．

5.3.2　欠損値と処理方法 [4]
（1）欠測値とは
　データはシミュレーションを行う上で重要な要素であるが，現実の世界では様々な理由によりすべての項目を得られない．例えば，実験等で計測機器の不具合や実験の失敗よりデータを収集できない場合や，複数の質問をするアンケートなどを行うと，回答項目によっては回答が得られず未回答の場合がある．計画通りの完全な形で得られないデータを不完全データ（Incomplete Data）といい，得られなかった値を欠損値（Missing Value, Missing Data）という．

表5.3.1　データ・クレンジングの例

対象	例
半角／全角，大文字／小文字	数字，カタカナなど半角/全角の混在
空白，改行	文字列の最終部に空白が入っている 改行が入っている
氏名，企業名	同一人物の氏名の文字が新字体，旧字体などが混在 企業名の標記の混在 旧名称と現名称が混在 　例：斉藤　斎藤　齋藤 　　　株式会社●●●　㈱●●●
住所，郵便番号，電話番号	郵便番号，住所表記が混在 　例：960-0001　福島県福島市金谷川1－1 　　　9600001　福島市金谷川1丁目1番地

　欠損値の生じる要因には，①Missing Completely At Random，②Missing At Random，③Nonignorable Missing の 3 つがある．①Missing Completely At Random (MCAR)とは，データが完全にランダムに欠損することである．②Missing At Random (MAR)とは，データが測定した値に依存して欠損し，かつ欠損データには依存しないことである．③Nonignorable Missing とは，データが欠損データに依存して欠損することである．

（2）欠測値の処理方法
1）リストワイズ除去法
　データに欠損が生じている場合，そのままではシミュレーションに使用できないため，欠損値を何らかの処理をして利用できる形にする必要がある．代表的な欠損値の処理方法に，①リストワイズ除去法，②ペアワイズ除去法，③代入法の 3 つがある．
　リストワイズ除去法（Listwise Deletion）とは，データ項目の全ての値が完全にそろっているデータだけを用いて統計処理を行う除去法である．データ項目の中で 1 つでも欠損している場合は，当該データを分析対象から外す．なお，リストワイズ除去法を適用する条件は，欠損値が生じた要因が Missing Completely At Random (MCAR)であることである．
　5.3.2 は，3 工程の生産ラインにおける製品ごとの各工程の処理時間を計測した結果である．表5.3.2 には，観測者が 1 名のため測定できず処理時間が得られなかった工程がある．リストワイズ除去法では，3 工程の 1 つでも処理時間が測定できず欠損している場合，その製品のデータは分析対象から除去する．表5.3.2 の例では，破線で囲われた 3 工程すべてのデータがそろっている製品のみがデータとして利用され，その他の製品は削除される．
　リストワイズ除去法は，簡易な方法であるが，欠損が多い場合に利用できるサンプル数が減り統計的精度が低くなり分析ができなくなる可能性がある．

表5.3.2　リストワイズ除去法の例

製品	工程1(秒)	工程2(秒)	工程3(秒)
1	128	79	65
2	120	83	67
3	131	69	71
4	125	－	70
5	130	72	69
6	－	－	82
7	119	79	72
8	－	71	63
9	127	69	72

表5.3.3　ペアワイズ除去法の例

製品	工程1(秒)	工程2(秒)	工程3(秒)
1	128	79	64
2	120	83	71
3	128	93	82
4	125	－	70
5	130	81	69
6	－	－	82
7	119	69	59
8	－	85	72
9	127	83	72

2）ペアワイズ除去法

　ペアワイズ除去法（Pairwise Deletion）とは，データ項目の一部がそろっているデータだけを用いて統計処理を行う除去法である．統計処理に用いるデータ項目の中の1つでも欠損している場合は当該データを分析対象から外し，統計処理に用いるデータ項目がそろっている場合は他のデータ項目が欠損している場合でも分析対象とする．なお，ペアワイズ除去法を適用する条件は，欠損値が生じた要因が Missing Completely At Random (MCAR)であることである．

　表5.3.3は，3工程の生産ラインにおける製品ごとの各工程の処理時間について計測した結果である．表5.3.3では，観測者が1名のため測定できず処理時間が得られなかった工程がある．例えば，工程2と工程3の処理時間を統計処理に用いる場合，工程2または工程3の処理時間が欠損している場合，その製品のデータは分析対象から除去する．また，工程1の処理時間が欠損している場合でも，工程2と工程3の処理時間がそろっていれば，その製品のデータは分析対象に含める．表5.3.3の例では，破線で囲われたデータが，工程2と工程3の処理時間があるため，分析対象となる．

　代入法（Imputation）は，欠損値に何らかの値を代入して疑似的に完全データを作

成する方法である．代表的な代入法に，平均値代入法がある．

　平均値代入法は，欠損値以外のデータの平均値を代入して欠損値を補完する方法である．なお，平均値代入法では，平均値を利用するため分散が小さくなることがある．

4）その他の欠損値の処理方法

　これまで紹介した欠測値の処理方法は，推定値にバイアスが生じる可能性がある．そのため，最近では，多重代入法や完全情報最尤推定法などが用いられている．

　多重代入法（Multiple Imputation）とは，複数の欠損値に代入したデータのセットを用意し，個々のデータセットについて統計的分析を行い，結果を統合して欠損値を補完する方法である．

　完全情報最尤推定法（Full Information Maximum Likelihood）とは，欠損値パターンに応じた個別の尤度関数を仮定して最尤推定により補完する方法である．

5.3.3　異常値と検知方法 [4]
（1）異常値とは

　外れ値とは，統計学的にみて，複数あるデータの値から大きく外れた値である．また，外れ値のうち，実験ミス，測定ミス，記録ミスなどが起因とするものを異常値という．

　なお，データの加工においては，外れ値がすべて異常値とは限らないことに留意する必要がある．外れ値の原因が何かを確かめ，ミス等による根拠を確定した場合にのみ異常値として扱うことができる．異常値でない外れ値は，データの一部として扱う必要がある．

（2）異常値の検知方法
1）標準偏差による検知

　異常値の検知方法は，データの性質や検出力により，多くの方法が存在する．代表的な異常値の検知方法に，①標準偏差による検知，②トリム平均による検知，③スミルノフ・グラブス検定による検知の3つがある．

　標準偏差による検知とは，データが正規分布に従うとき，標本値と平均との差を標準偏差で割った値がしきい値を超えたら場合に，外れ値と判定する方法である．判定に用いる値Tは，標本値をx_1，平均値をμ，標準偏差をσとしたとき，(5.10)式で示される．なお，しきい値は，データの特性などの状況により設定する．例えば，標本値x_1が平均値μと$\pm 2\sigma$離れていると外れ値とみなす場合は，しきい値を2と設定する．

$$T = \frac{|x_1 - \mu|}{\sigma} \qquad (5.10)$$

2）トリム平均による検知

　トリム平均による検知とは，データの値を大小順に並べ，上下位数％を外れ値とみ

なす方法である．この方法は，データ数が多い場合に用いられる．外れ値とみなす割合は，過去の経験より決定することが多い（図5.3.1）．

　例えば，簡単な例として，データ数が20個，外れ値とみなす割合を上下位5%とした場合のトリム平均による検知を示す．はじめに20個のデータを，大きい順に並べる．次に，外れ値と見なす割合を上下位5%としていることから，最大値と最小値の値をそれぞれ1個ずつ除去する（図5.3.2）．

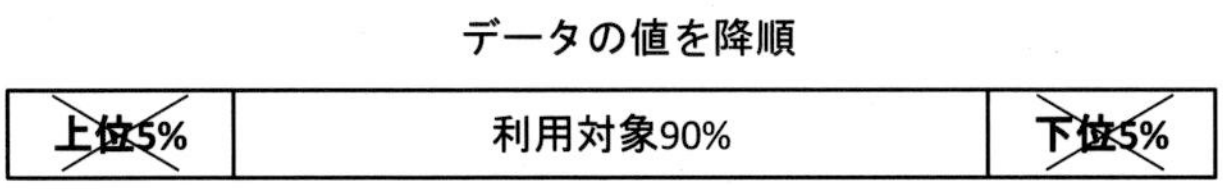

データの値を降順

上位5%	利用対象90%	下位5%

図5.3.1　トリム平均による検知での利用対象

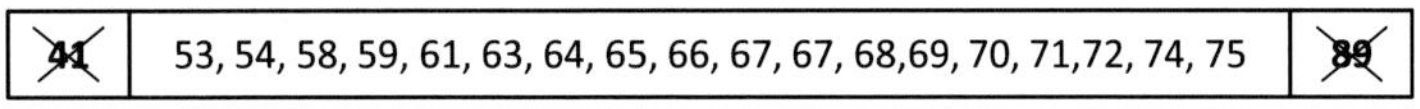

41	53, 54, 58, 59, 61, 63, 64, 65, 66, 67, 67, 68,69, 70, 71,72, 74, 75	88

図5.3.2　トリム平均による検知の例

3）スミルノフ・グラブス検定による検知

　スミルノフ・グラブス（Smirnov-Grubbs）検定による検知とは，平均値から最も離れた値との残差を不偏分散の平方根で割った値を検定統計量とし，検定統計量を用いて外れ値を検知する統計的仮説検定である．スミルノフ・グラブス検定による検知は，データの集合が正規分布に従う場合に利用できる．

　統計的仮説検定では，帰無仮説と対立仮説を立てる．帰無仮説は，検定を行うための仮説であり，hypothesis の頭文字からH_0と表される．対立仮説は，帰無仮説に対する本来証明したい仮説であり，H_1と表される．仮説が正しいかどうかを判断するために検定統計量を求める．

　スミルノフ・グラブス検定を説明するために，次の仮説を立てる．

　帰無仮説　H_0：全てのデータは同じ母集団からのものである

　対立仮説　H_1：データのうち，最大のものは外れ値である

　この帰無仮説H_0の検定統計量T_iは，データ数をn個，各データを$x_1, x_2, x_3, \cdots, x_n$，標本平均を$\bar{X}$，不偏分散を$v^2$，最大または最小となるデータを$X_i$としたとき，(5.11)式で示される．スミルノフ・グラブス検定による検知では，有意水準αの片側検定によって，X_iが外れ値かどうかを検証する．

$$T_i = \frac{|X_i - \bar{X}|}{\sqrt{v^2}} \qquad (5.11)$$

　ここで，スミルノフ・グラブス検定による検知を，データ数を10個，各データを，47, 54, 53, 53, 56, 43, 50, 73, 56, 53 を例に示す．

　はじめに，10個のデータのうち，最大となるデータX_iとして，73を選定する．

　次に，標本平均$\bar{X}$と不偏分散v^2を算出する．10個のデータの標本平均と不偏分散は，$\bar{X} = 53.8$，$v^2 = 62.0$である．

これらの値を，(5.12)式に代入すると下式となる．

$$T_8 = \frac{|73 - 53.8|}{\sqrt{62.0}} = 2.44 \qquad (5.12)$$

棄却限界値が記載されているスミルノフ・グラブス検定表により，$n = 10$で，有意水準$\alpha = 0.05$のとき，棄却限界値は2.176であり，T_8は棄却限界値を超えている．このことから，帰無仮説は棄却され，データ73は外れ値であるといえる．

5.3.4　データベースの正規化 [5) 6)]

（1）データベースの正規化とは

計測や観測から得られたデータをデータベースなどの表（テーブル）に格納し，統計処理やシミュレーションソフトウェアで利用することがある．得られたデータをそのままテーブルに格納していくが，1行（レコード）の中に複数の繰り返し項目が存在することがある．このようなテーブルの状態を非正規形という．このような，冗長性がある場合，データの管理が複雑になり扱いが困難になる．テーブルの分離などを行い整理することを正規化といい，複数の段階で正規化が行われ，第1から第5正規形とボイス・コッド正規形が知られている．

本節では，表5.3.4の非正規形の発注テーブルを例に，よく利用されている第1から第3正規形までを紹介する．

（2）第1正規化

表5.3.4は，1件の製番（製品単位で付与された管理番号）に対して，複数の部品コードが割り当てられている．

第1正規化では，このような繰り返しを排除し整理する．具体的には，表5.3.4にある2列分の部品番号を，縦に1列になるよう移動する（表5.3.5）．

（3）第2正規化

第1正規形のテーブルのデータ項目のうちは，「製番」「発注者コード」「部品番号」は主キーと呼ばれる項目であり，一意に要素を決める項目である．これに対し，「製

表 5.3.4　非正規形のテーブルの例

製番	受注日	製品名	発注者コード	発注者	発注先コード	発注先	部品番号	部品名	数量	部品番号	部品名	数量
001234	19/4/1	分電盤C	001	ABC社	001	国内	P001-01	ベース盤A	1	C001-01	ユニットA	3
001235	19/4/2	分電盤B	002	EFG社	002	海外	P001-01	ベース盤A	1	C001-01	ユニットA	2
001236	19/4/2	制御盤A	003	HIJ社	002	海外	P001-02	ベース盤B	1	C001-02	ユニットB	2
001237	19/4/3	監視盤A	001	ABC社	001	国内	P001-03	ベース盤C	1	C001-01	ユニットA	1
001238	19/4/8	制御盤A	004	XYZ社	001	国内	P001-02	ベース盤B	1	C001-02	ユニットB	2
001239	19/4/10	分電盤C	005	KLM社	001	国内	P001-01	ベース盤A	1	C001-01	ユニットA	3

品名」「発注者」「部品名」は，主キーと従属関係にある項目である．

　第2正規化とは，主キーとこれに従う従属関係のある項目をそれぞれ分離し，別のテーブルにすることである．具体的には，表5.3.5を「発注テーブル」「部品テーブル」「発注者テーブル」の3つのテーブルに分離する（表5.3.6）．

表5.3.5　第1正規形のテーブルの例

製番	受注日	製品名	発注者コード	発注者	発注先コード	発注先	部品番号	部品名	数量
001234	19/4/1	分電盤C	001	ABC社	001	国内	P001-01	ベース盤A	1
001234	19/4/1	分電盤C	001	ABC社	001	国内	C001-01	ユニットA	3
001235	19/4/2	分電盤B	002	EFG社	002	海外	P001-01	ベース盤A	1
001235	19/4/2	分電盤B	002	EFG社	002	海外	C001-01	ユニットA	2
001236	19/4/2	制御盤A	003	HIJ社	002	海外	P001-02	ベース盤B	1
001236	19/4/2	制御盤A	003	HIJ社	002	海外	C001-02	ユニットB	2
001237	19/4/3	監視盤A	001	ABC社	001	国内	P001-03	ベース盤C	1
001237	19/4/3	監視盤A	001	ABC社	001	国内	C001-01	ユニットA	1
001238	19/4/8	制御盤A	004	XYZ社	001	国内	P001-02	ベース盤B	1
001238	19/4/8	制御盤A	004	XYZ社	001	国内	C001-02	ユニットB	2
001239	19/4/10	分電盤C	005	KLM社	001	国内	P001-01	ベース盤A	1
001239	19/4/10	分電盤C	005	KLM社	001	国内	C001-01	ユニットA	3

表5.3.6　第2正規形のテーブルの例

発注テーブル

製番	受注日	製品名	発注者コード	部品番号	数量
001234	19/4/1	分電盤C	001	P001-01	1
001234	19/4/1	分電盤C	001	C001-01	3
001235	19/4/2	分電盤B	002	P001-01	1
001235	19/4/2	分電盤B	002	C001-01	2
001236	19/4/2	制御盤A	003	P001-02	1
001236	19/4/2	制御盤A	003	C001-02	2
001237	19/4/3	監視盤A	001	P001-03	1
001237	19/4/3	監視盤A	001	C001-01	1
001238	19/4/8	制御盤A	004	P001-02	1
001238	19/4/8	制御盤A	004	C001-02	2
001239	19/4/10	分電盤C	005	P001-01	1
001239	19/4/10	分電盤C	005	C001-01	3

発注者テーブル

発注者コード	発注者	発注先コード	発注先
001	ABC社	001	国内
002	EFG社	002	海外
003	HIJ社	002	海外
004	XYZ社	001	国内
005	KLM社	001	国内

部品テーブル

部品番号	部品名
P001-01	ベース盤A
P001-02	ベース盤B
P001-03	ベース盤C
C001-01	ユニットA
C001-02	ユニットB

（4）第3正規化

　第2正規形のテーブルのデータをみると，主キー以外のキーで従属関係が決まる関係がある．この例では，「発注先」は「発注先コード」に従属している．

　第3正規化とは，主キー以外に従属関係のある項目を分離し，別のテーブルにする

ことで，主キー以外の項目が主キーに対して完全に従属する関係にすることである．具体的には，表5.3.6のうち「発注者テーブル」を，「発注者テーブル」と「発注先テーブル」に分離する（表5.3.7）

表 5.3.7　第 3 正規形のテーブルの例（発注者テーブル）

発注者テーブル

発注者コード	発注者	発注先コード
001	ABC社	001
002	EFG社	002
003	HIJ社	002
004	XYZ社	001
005	KLM社	001

発注先テーブル

発注先コード	発注先
001	国内
002	海外

5.3.5　シミュレーション利用のためのデータ・フォーマットの整理

シミュレーションソフトウェアにデータを読み込んで利用する場合，ソフトウェアで読み込むことができるデータ・フォーマットに従ったデータである必要がある．例えば，ソフトウェアで「1列目：製番」，「2列目：製品名」，「3列目：機械1での処理時間」，「4列目：機械2での処理時間」のような順番が決められている場合，ユーザは，この順番に従ったデータ・フォーマットでデータを整理する必要がある．また，時間や長さなどの単位についてもシミュレーションソフトウェアの単位とそろえておく必要がある．

シミュレーションソフトウェアでデータの読み込む際，一般的に表形式のデータを用意することが多い．表形式のデータは，CSV（Comma-Separated Values）形式で保存されている必要がある場合が多い．CSV 形式は，データごとにカンマ「,」で区切られたテキストファイルで，カンマ以外にタブやスペース，セミコロンで区切る場合もあり，表計算ソフトで加工・編集が行える．

また，データの書式にも考慮が必要となる．データ・クレンジングで数値や文字列で半角/全角の統一を行うが，ソフトウェアで読み込む場合，半角/全角や文字コード，日本語対応の有無，最大文字数に注意する必要がある．

5．4　確率分布と分布のフィッティング

5.4.1　確率分布
（1）確率分布の種類

本節では，シミュレーションで，到着間隔やサービス時間などをモデリングする際によく用いられる確率分布として，指数分布，アーラン分布，正規分布，対数正規分

布，三角分布，一様分布，ポアソン分布を取り上げる．シミュレーションを行う際，対象とする事象がどのような確率分布であるか不明な場合がある．この場合，客の到着間隔はポアソン分布，機械の故障率はワイブル分布，様々な社会現象や自然現象では正規分布などの一般に知られている確率分布を利用して行うことがある．

　また，事例に基づき，実測値から到着間隔などの確率分布を導出する方法と，解析に利用する確率分布をどのように選択するかを解説する（表5.4.1）．

表5.4.1　シミュレーション解析によく用いられる確率分布

分布	特徴	適用例
負の指数分布	ばらつきが大きい	利用者の到着間隔・故障の発生間隔・サービス時間など
アーラン分布	ばらつきが大きいもののピークが存在	利用者の到着間隔・サービス時間・作業時間・製品寿命など
正規分布	ピークのある対称な分布	不可抗力による作業時間のばらつき・製品性状のばらつき
対数正規分布	低い方に限度があり、高い方に限度がない	負の値をとらなく、社会現象などで利用
三角分布	分布を簡易に表現	分布形状の情報が少ない場合・近似的に分布を表現した場合
一様分布	一定の確率密度	分布形状の情報が少ない場合・簡単に変動を表現する場合
ポアソン分布	一つのパラメータで分布の性質を決定	利用者の到着間隔・サービス時間など

（2）負の指数分布

　負の指数分布は，単に指数分布（Exponential Distribution）とも言われ，(5.13)式で定義される．

$$f(x) = \begin{cases} \lambda e^{-\lambda x} & x \geq 0 \\ 0 & x < 0 \end{cases} \qquad (5.13)$$

　ここで，$f(x)$は確率密度関数（Probability Density Function）と呼ばれる．例えば，シミュレーションによる解析において，サービス時間が指数分布に従うという意味では，サービス時間を連続的な確率変数（Random Variable）xととらえ，任意の値xのときの確率は$f(x) = \lambda e^{-\lambda x}$で与えられることがある．ここに，$f(x)$は，必ずゼロ以上の値を持ち，$x$がとりうる範囲で積分した値は1となる性質がある．

　図5.4.1に示すように，この分布では，$x = 0$の付近が最大発生頻度となる．この分布が利用される対象として，電話回線に対して発生する電話の通話要求発生の間隔，Webサイトへのアクセス，メールの到着やサーバーへのクライアントからの何らかの処理要求の発生，自動販売機やATMへの客の到着，到着や故障の間隔などの事象の

発生間隔がランダムであると考えられる対象の多くについて，その到着間隔がこの分布に使うと考えてよいことは実証されている．また，この分布は，施設利用の時間や部品が機械で処理を受けるためなどのサービス時間にも用いられることがある．

この負の指数分布が到着間隔やサービス時間として利用できると仮定することで，待ち行列の均衡状態を解析するための微分や積分の処理が極めて容易になり，待ち行列理論に関する計算が極めて簡単になる．また，実証的にも多くの到着間隔や利用者の施設のサービス時間（利用時間）がこの分布に従うことが分かっていることもあり，負の指数分布はシミュレーションでも頻繁に利用される分布である．

　一方，シミュレーションや待ち行列理論において適用する客などの到着間隔（時間）やサービス時間では，0付近が最大頻度となる確率分布ではなく，平均値を中心に最大頻度が現れ，平均値の両側へ向けて頻度が落ちているような分布をとることも多い．このことに対して，この負の指数分布のように解析の中で容易に取り扱え，平均値付近の頻度が高いような現象にも合致したものが，次に解説するアーラン分布である．

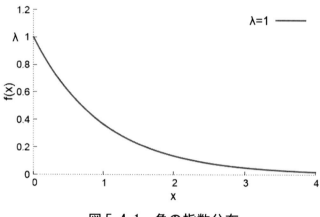

図5.4.1　負の指数分布

（3）アーラン分布

　先に述べたように，指数分布は，数学的解析が容易であるという特性をもっているものの，欠点として，どのようなパラメータに対しても頻度が0付近で最大になる．しかし，現実にデータを採取してみると，平均値付近で出現頻度が最大となる到着間隔やサービス時間の確率分布も多く見られる．このような現実的な特性での解析のために，数学的解析の容易性を確保しつつ，任意の値の付近での確率頻度が最大となる状況を表現できる分布がアーラン分布（Erlang Distribution）である．アーラン分布の確率密度関数は，次式で表される．

$$f(x) = \begin{cases} \dfrac{(\lambda k)^k x^{k-1}}{(k-1)!} e^{-\lambda k x} & x \geq 0 \\ \\ 0 & x < 0 \end{cases} \tag{5.14}$$

ただしkは正の整数をとる．

　前述の負の指数分布の場合, パラメータはλのみであったが, アーラン分布の場合, パラメータはλとkの 2 つ存在する. ここでλは平均到着間隔などを意味し, kとともに, 分布の大きさや形状を決めるパラメータである. 図 5.4.2 は, λとkの影響を理解するために, kあるいはλを定数として, (5.14) 式を計算したものである. λやkが大きくなるほど, 分布は鋭い形状となり, ピークが明瞭になる. このように, アーラン分布を用いることで, 分布の大きさや形状を決めるパラメータとしてλとkを設定し, ばらつきのある到着時間間隔やサービス時間の分布を比較的自由に表現できる.

　ここで, (5.14) 式のkを 1 とすると, アーラン分布は負の指数分布と等しくなる. また, kを∞にとると, アーラン分布は単位分布 (Unit Distribution) に収束する. アーラン分布は多様な一般性を持った分布であることがわかる. また, 数学的に証明することは省略するが, このアーラン分布は, 独立な指数分布に従う有限個の確率変数の和に関する分布となっている.

　アーラン分布を適用する場合としては, 実際にデータを採取したときに, 到着間隔やサービス時間などが 0 付近以外の地点でピークを持ちつつ, それらがランダムに生じている状況が相当する.

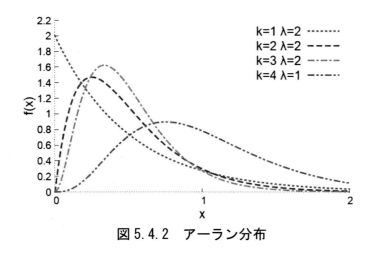

図 5.4.2　アーラン分布

（4）正規分布

　アーラン分布のようにパラメータの設定で自由に分布形状を変えられるものもあるが, 日常的に, 正規分布 (Normal Distribution) で仮定する現象も多い. 例えば, 品質改善を目的とした小集団活動である QC 活動において, 作業分析を行い, 作業時間のばらつきについて平均値をピークにしたものが得られ, それを正規分布として扱っていることもある.

　正規分布の確率密度関数$f(x)$は, (5.15)式で表される.

$$f(x) = \frac{1}{\sqrt{2\pi}\sigma} e^{-\frac{1}{2}\left(\frac{x-\mu}{\sigma}\right)^2} \qquad (5.15)$$

　ここで, μは分布の平均値を示し, σは標準偏差 (Standard Deviation) であり, そ

れぞれ正規分布の形状を定めるパラメータである．図5.4.3に示すとおり，平均値μの両側で対象形となる．標準偏差σが小さければ平均値の周辺に集中して出現確率が高くなり，σが大きければ平均値から離れた出現確率がより多く観測される．（5.15）式に示した正規分布に従う場合，$\mu \pm 3\sigma$の区間に約99.7％のそれぞれ出現がある．

　この正規分布では，Xの領域が$-\infty$から$+\infty$まで存在し，到着間隔や作業時間などにこの分布を用いたときには，到着間隔や作業時間として，負の値が与えられる可能性が存在することとなり，適切ではない．到着間隔やサービス時間などを正規分布でモデリングし，シミュレーションでの再現の過程で，乱数に応じて負の値が生じた場合には無視し，再度，乱数を発生させ，適切な正の値をとるようにする．このように，正規分布では，負の値の部分や一定値以下の部分を切取って利用する場合がある．このような状況で使用される正規分布を，切取られた正規分布と呼ぶ．切取られた正規分布を用いた場合，通常の正規分布から，ある部分を切取るため，その出現の状況は，当初想定していた平均や分散の値と差異が生じることになる．

　品質や作業者特性を正規分布で仮定することがある．このとき，シミュレーションでは，例えば，$\mu \pm 2\sigma$の範囲のみを再現し，この範囲外は再現しない場合もモデリングとして考えられるが，これも切取られた正規分布を適用していることになる．

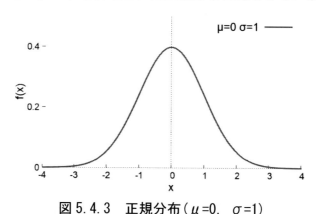

図5.4.3　正規分布（μ=0，σ=1）

（5）対数正規分布

　対数正規分布(Log-normal Distribution)は，確率変数$y = log_e x$が正規分布に従うとき，その真数である確率変数xが従う確率分布である．確率の範囲が$0 < x < \infty$で，図5.4.4に示すような低い方に限度があり，高い方に限度がないモデルに利用される．[7]

　対数正規分布の確率密度関数$f(x)$は，（5.16）式で表される．

$$f(x) = \frac{1}{\sqrt{2\pi}\sigma x} exp\left\{-\frac{(\log x - \mu)^2}{2\sigma^2}\right\} \quad (x > 0) \qquad (5.16)$$

平均 E(x)は(5.17)式で，分散 V(x)は(5.18)式で与えられる．

$$E(x) = e^{\frac{\mu+\sigma^2}{2}} \qquad (5.17)$$

$$V(x) = e^{2\mu+\sigma^2}\left(e^{\sigma^2} - 1\right) \qquad (5.18)$$

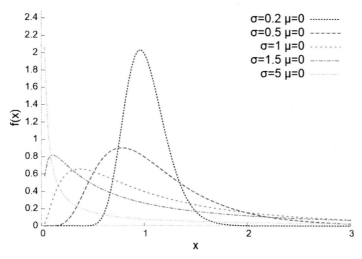

図 5.4.4　対数正規分布

（6）三角分布

　確率分布がよく分からない場合，あるいは大まかな形状だけで確率分布をモデリングしたい場合，三角分布（Triangular Distribution）を用いることがある．この場合，最小値 a，最大値 b，最頻値 c だけを定めることで，分布形状が定まる．三角分布の確率密度関数 $f(x)$ は，(5.19)式で表される．

$$f(x) = \begin{cases} f(x) = \dfrac{2(x-a)}{(b-a)(c-a)} & (a \leq x \leq c) \\[3mm] f(x) = \dfrac{2(b-x)}{(b-a)(c-a)} & (c \leq x \leq b) \end{cases} \tag{5.19}$$

　ここで，最小値が 0.5，最頻値 1，最小値 3 であるような三角分布の形状を，図 5.4.5 に示す．この分布の利用は，おおよその分布形状で解析を試みたり，あるいは，到着や作業時間などに関する分布形状の最頻値，最小値，最大値だけが分かっている段階で確率分布を用いる場合，より高度な解析を実施する前の簡易モデルを作成する場合である．

（7）一様分布

　ある区間に限って一様に出現値を発生させる確率分布が一様分布（Rectangular Distribution, Uniform Distribution）である．この分布は(5.20)式のとおりで，ある区間の出現確率が一定値になる確率密度関数で表される．

$$f(x) = \frac{1}{(b-a)} \qquad (a \leq x \leq b) \tag{5.20}$$

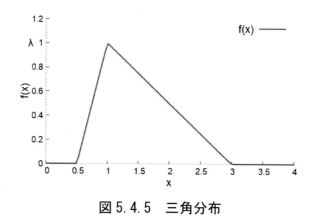

図5.4.5　三角分布

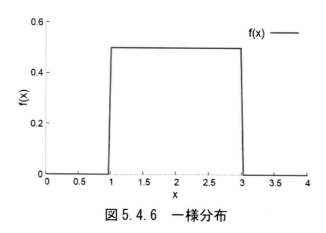

図5.4.6　一様分布

　一例として，最小値が1，最大値が3の一様分布を図5.4.6に示す．

　一様分布は，出現値の上限と下限だけ分かっている状況や簡易モデルを取り急ぎ作成したい状況で用いられる．

（8）ポアソン分布

　ある期間中に平均λ回発生する事象が，ちょうどにk回発生する確率分布をポアソン分布（Poisson Distribution）である．この分布は，確率変数XがX = kとなるときの確率P(X = k)が（5.21）式で示される．eはネイピア数である．λが小さいと左右の非対称性が大きく，逆にλが大きくなると左右の非対称性が小さくなる．ポアソン分布は，一例として，図5.4.7にλ = 1,2,4,6,10の時のポアソン分布を示す．

$$P(X = k) = \frac{e^{-\lambda}\lambda^k}{k!} \qquad (5.21)$$

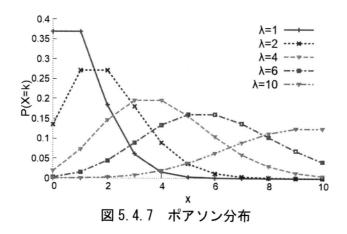

図5.4.7　ポアソン分布

5.4.2　分布のフィッティングとヒストグラム
（1）分布のフィッティング

　得られたデータがどのような確率分布に従っているかを，確率密度関数のパラメータを調整してデータの分布に合わせる処理を行い，近似された確率密度関数をもとめることを確率分布のフィッティングという．例として図5.4.8は，ある処理時間の発生頻度を次節で説明するヒストグラム（Histogram）にしたグラフである．この発生頻度は正規分布に従うことが既知の場合，確率密度関数の平均値μと，標準偏差σの2つのパラメータを調整しヒストグラムと近似させた例になる．

　フィッティングの方法の一つとして最小二乗法（Least Squared Method）がある．最小二乗法は，得られたデータの分布と確率密度関数との二乗誤差が最小になるようなパラメータを求める手法である．

　図5.4.9に最小二乗法による確率分布のフィッティングの例を示す．図5.4.9の左図は，データをプロットした散布図であり最小二乗法により求められた確率密度関数$y = f(x)$が図示されている．ここで，図5.4.9の右図に示すように，得られたデータ(x_i, y_i)と確率密度関数$(x_i, f(x_i))$の差異$(y_i - f(x_i))$を最小化する確率密度関数$y = f(x)$となる．

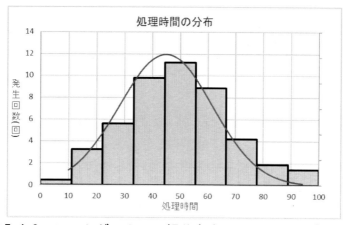

図5.4.8　ヒストグラムに正規分布をフィッティングした例

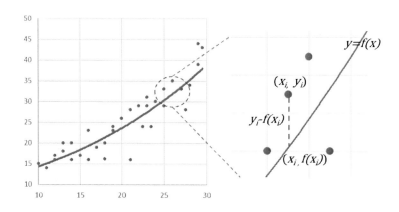

図 5.4.9　最小二乗法によるフィッティング

（2）ヒストグラムの定義と作成
1）ヒストグラムの定義

　得られたデータが正規分布であることが既知の場合，平均と分散を求めることによりシミュレーションで活用が可能である．しかし，本当に正規分布になっているのかをヒストグラムにより確認しておく必要がある．

　ヒストグラム（Histogram）とは，「データの存在する範囲をいくつかの区間に分けた場合，各区間を底辺としてその区間に属する測定値の出現度数に比例する面積をもつ柱（長方形）を並べた図」（JIS Z8101-1 確率および一般統計用語）であり，度数分布図とも呼ばれる．

2）ヒストグラムの作成手順

　ヒストグラムの作成手順は次の通りである．
手順１．データを集める．データの数は 100〜200 個が望ましい．
手順２．データの最大値と最小値を求める．
手順３．区間の数を求める．

手順４．区間の幅を求める．
　　　　区間の幅＝（最大値−最小値）／区間の数
手順５．区間の境界値を決める．
　　　　境界値の単位は測定刻みの 2 分の 1 となるように決める．
　　　　第 1 区間の下側境界値　＝　最小値　−　（測定刻み／ 2）
　　　　第 1 区間の上側境界値　＝　第 1 区間の下側境界値　＋　区間の幅
　　　　順に区間の幅を加えていき，最後の区間が最大値を含むようにする．
手順６．区間の中心値を求める．区間の中心値は，境界値の平均値をとる．
　　　　区間の中心値＝（区間の下側境界値＋区間の上側境界値）／ 2
手順７．各区間のデータの度数を数え，それをグラフにする．

3）ヒストグラムの作成例

　ある生産工程における生産リードタイムを調べるために 100 回のシミュレーションを行った結果を表 5.4.2 に示す．このデータに対して２）のヒストグラムの作成手順を適用すると，表 5.4.3 の度数表と図 5.4.10 のヒストグラムが得られる．

手順１．データ数＝100 個
手順２．最大値＝13.7　最小値＝5.6
手順３．区間の数＝ 10
手順４．区間の幅＝（13.7−5.6）／10＝0.81
手順５．区間の境界値を決める．
　　　　境界値の単位は測定刻みの 2 分の 1 となるように決める．
　　　　第 1 区間の下側境界値 ＝ 5.6−（0.1／2）＝5.55
　　　　第 1 区間の上側境界値 ＝ 5.55 ＋ 0.81 ＝ 6.36
　　　　・・・・・・・・・・・・・・・・・・・・・
　　　　第 11 区間の下側境界値 ＝ 13.65
　　　　第 11 区間の上側境界値 ＝14.46＞ 最大値(13.7)
手順６．第 1 区間の中心値 ＝（5.55+6.36）／ 2 ＝ 5.955
　　　　・・・・・・・・・・・・・・・・・・・・・
　　　　第 11 区間の中心値 ＝（18.35+19.74）／ 2 ＝ 14.055
手順７．各区間のデータの度数を数え，それをグラフにする．

　このようにヒストグラムを作成すると，単に平均（中心）や分散（ばらつき具合）の値を計算するだけよりも，母集団分布の様子を詳しく知ることができる．

表 5.4.2　シミュレーションによって得られた生産リードタイム

8.1	12.1	6.9	12.2	11.2	10.5	10.4	11.3	11.6	9.6
8.3	13.0	11.0	11.8	9.0	9.4	12.5	9.6	11.0	11.6
12.1	9.5	8.3	9.4	10.3	7.8	11.3	7.8	9.2	10.3
11.8	12.2	7.8	12.4	11.9	13.5	7.0	6.7	9.6	6.9
11.0	12.4	10.1	8.4	10.2	6.9	9.8	10.8	9.2	12.6
11.3	9.5	11.3	9.2	10.7	10.5	12.2	13.6	8.7	7.6
10.6	11.6	11.9	11.3	10.5	9.3	12.5	6.3	8.5	8.0
5.6	11.0	7.6	10.5	9.5	8.8	10.2	12.3	6.6	9.8
13.6	10.7	12.1	13.7	9.9	10.7	11.3	8.7	12.0	9.0
7.7	9.4	9.5	10.4	10.0	9.2	9.7	10.8	12.7	11.9

表5.4.3　作成例の度数表

下側境界値	上側境界値	中心値	頻度
5.55	6.36	5.955	2
6.36	7.17	6.765	6
7.17	7.98	7.575	6
7.98	8.79	8.385	8
8.79	9.6	9.195	18
9.6	10.41	10.005	12
10.41	11.22	10.815	15
11.22	12.03	11.625	15
12.03	12.84	12.435	13
12.84	13.65	13.245	4
13.65	14.46	14.055	1

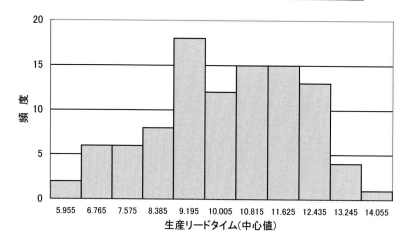

図5.4.10　作成例のヒストグラム

参考文献

1) 青木利夫,吉原健：「統計学要論」,培風館,1978年

2) 高森寛,新村秀一:「情報処理実用シリーズ2 統計処理エッセンシャル」,丸善,pp.52-59,pp.66-107,1987年

3) 吉沢正：「クォリティマネジメント用語辞典」,日本規格協会，2004年

4) 高井啓二,星野崇宏,野間久史：「調査観察データ解析の実際1 欠測データの統計科学-医学と社会科学への応用」,岩波書店,pp.23-67,pp.102-140,2016年

5) OSS-DB https://oss-db.jp/dojo/dojo_info_04 (2019年7月25日参照)

6) Pro Engineer https://proengineer.internous.co.jp/content/columnfeature/6480 （2019年7月25日参照）

7) データ科学便覧　対数正規分布
https://data-science.gr.jp/theory/tpd_log_normal_distribution.html　（2019年7月25日参照）

第6章　モデルの構築

　本章の目的は，モデリングやモデルの構成要素を理解することである．

　そこで本章では，最初にモデリングの手順や内容を示す（6．1）．次に，離散体と連続体のそれぞれについて，基本的なモデルの構成要素（基本モデル）を示す（6．2，6．3）．さらに，クレーン，連続式荷役機械，コンベヤ，運搬台車を対象に，モデリングの例を示す（6．4）．

6．1　モデリング

6.1.1　モデリングの手順

　モデリングは，①モデルのアウトプットの検討，②モデル化の範囲の検討，③構成要素の検討，④構成要素間の関係の検討，⑤関係者との調整，⑥必要なデータの収集・加工，⑦モデルの作成の手順で行う（図6.1.1）．

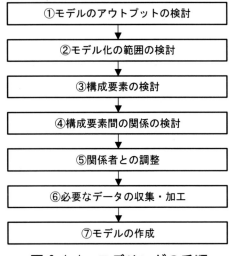

図6.1.1　モデリングの手順

6.1.2　モデルのアウトプットの検討（①）

　モデルのアウトプットの検討では，モデルからどのような値（データ）を出力するかを検討する．

　モデルのアウトプットは，モデルで検討したい評価指標（3．2節参照）やモデルの妥当性の検証に用いるデータがあり，具体的には製品の出荷数や生産設備の作業時間や生産リードタイムなどが挙げられる．

6.1.3　モデル化の範囲の検討（②）

　モデル化の範囲の検討では，はじめにシミュレーションの範囲について理解を深める．次にシミュレーションの対象となるシステムと外部環境の区分をする．そして，実地調査や作業者へのヒアリング調査を行い，対象システムと外部環境の理解を深め，入出力の関係などシステム工学的に整理を行う．また，シミュレーションの目的を十分に理解し，再現され解析される事象について構造を理解し，求められる詳細さと精度を確認する．さらに，シミュレーション解析方法が確立された後に，対象システムの改善案を確認し，予想されるモデルの拡張性を念頭におく．

　なお，モデル化の範囲には，工程内，倉庫内，敷地内などがある．

6.1.4　構成要素の検討（③）

（1）モデルの挙動

　検討したアウトプットが得られるだけでなく，システムの挙動に影響を与えるモデルのパラメータが，実務者や現場レベルで滑稽なものであれば，シミュレーション解析の導入や解析結果に基づく改善は進まない．また，モデルの挙動の詳細さ（Detail）については，例えば，窓口サービスとして一括した挙動でモデリングするのか，あいさつ，客からのヒアリング，客への要求確認，要求処理，要求結果の提示，決済などと詳細に区分した挙動でモデリングするのかを検討する．モデルの挙動の精度（Accuracy）では，挙動を詳細に区分することにも関係するが，さらに，モデリングした挙動について，定常状態のみを考慮すればよいのか，あるいは，過渡状態も考慮すべきかを検討する．例えば，都市交通の交通渋滞を再現する場合，自動車の速度は定常状態（40km/h など）のみではなく，過渡状態（加速，減速）を考慮する必要がある．

　また，せっかくモデリングすべき事項として考慮しても，そもそもその事項について，挙動を表記できなかったり，データが入手できなかったりするのであれば，モデリングできない．いくつかの仮説や仮定があってモデリングしている場合には，必ずドキュメントを残し関係者で共有しておく．ドキュメントを共有することで，シミュレーションや解析の結果に問題が生じた場合に，迅速なモデルの修正が可能になる．

（2）システムを構成するモデルと要素の確定

　対象となるシステムを構成する事象，事物を明らかにする．まず，対象のシステムを大きく分類する．この大分類から，必要に応じて，中分類，小分類へと，次々とシステムを構成する単位を小さくしていく．そして，問題や課題の解決をはかることができる単位まで，小さくしていく．

　例えば，数ヶ月単位で検討される生産計画（大日程計画）の製造に対して，任意の工場の生産容量が適切であるかを検討する場合，単位は，工場のモデル一つ，大分類でよい．また，工場内の任意の工程の設備投資を考える場合，工場のモデルをいくつかの工程へ分類し，工程のモデルを検討しなければならない．さらに，具体的に，ど

の作業に設備投資を検討するか考える場合，工程のモデルに内包される作業や機器ごとにモデルを検討しなければならない．作業や機器の性能についても検討を深めたいような場合には，移動，走行，巻上げ，旋回などの作業を構成する動作や動作に影響を与える機器の性能といった要素までもモデリングする必要がある．

　モデリングされたシステムのモデル，要素（Element）は，確定的，画一的に扱えるもの，不確定なものとして扱われるものが存在する．確定的，画一的なものは，その値や工程の流れを明記する．不確定なものの場合には，その値や挙動を確率分布や推論を用いて，さらにモデリングする．図6.1.2は，システムモデリングにおいて，大分類，中分類，小分類のモデル，要素へと対象を掘下げた事例である．

　なお，本書ではモデルと要素といった表記が多用されるが，その使い方は，統一的ではなく，各章で説明する．本章では，モデルは要素より階層構造上の上位に位置づける．

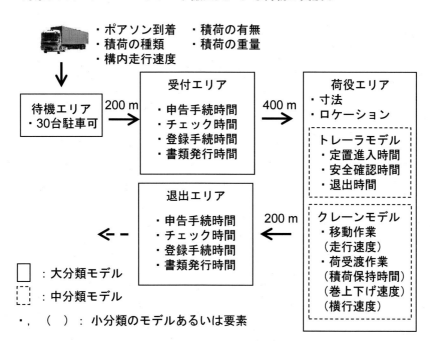

図6.1.2　システムを構成するモデルと要素の事例

（3）システムで取扱う対象物の確定

　人，モノ，サービスなど，システムで処理する対象を明らかにする．このとき，対象物の母集団（Input Population）の性質について，無限母集団（Infinite Input Population）であるか，有限母集団（Finite Input Population）であるかを検討する．無限母集団であれば，ランダムに到着するものと仮定し，到着率（Arrival Rate）を設定したり，到着間隔（Inter-Arrival Time）の確率分布（Probability Distribution）

を選定したり，単位時間あたりの到着数を設定したりする．有限母集団であれば，到着のスケジュールを決める．また，対象物の属性（Attribute）を列挙する．さらに，シミュレーションの中での対象物のイベントや状態を決定する．

　例えば，駅の改札口の場合，システムの対象物は人であり，無限母集団に属すると仮定できる．また，到着間隔の確率分布を指数分布とする．人の属性は，大人と子供といった年齢に関係する属性，定期券・回数券・乗車券・スマートカードといった利用形態に関係する属性などが挙げられる．イベントは到着・改札利用・出発，状態は待ち・サービスを受けている途中に決定する．なお，状態を検討するにあたっては，待ち行列理論（付録 C）が参考となる．

6.1.5　構成要素間の関係の検討（④）

　対象物が決まり，それを処理するシステムの構成モデルや要素が確定したら，構成モデルと要素の単位で対象物がどのような順に処理されるのかを確認する．このとき，対象物のイベントの変化，システムを構成する作業や機器などのモデルのイベントの変化を確認しておく必要がある．また，構成モデルや要素間の受渡しにおいて，距離があったり，時間が生じていたりするかを確認する．

6.1.6　関係者との調整（⑤）

　モデリングにあたり，シミュレーション解析の目的を満足するように，どのような課題についてのコミュニケーションが関係者の間で行われるのかを明確にする．すなわち，シミュレーション解析で把握する事項に関連するものは，対象システムの中に何があるのかを明確にする．シミュレーション解析の目的が明確ではないうちに，モデリングの作業を進行しシミュレーションのモデルや解析方法を決めてしまうと，その後，モデルの修正や見直しを迫られることになる場合が多い．次のことを関係者（シミュレーション技術者，現場作業員，意思決定者など）と確認しながら，モデリング作業を進めると良い．
・シミュレーション解析の目的を満足できるか
・モデルの挙動を左右するパラメータは，ユーザのイメージに合致しているか
・モデルにより再現される挙動の詳細さ，精度は満足できるか
・モデリングした事項はロジックの作成，データの入手ができるか
・仮定した事象についてドキュメントを残し，共有できているか
・必要以上に詳細な事項を考慮したモデリングではないか

6.1.7　必要なデータの収集・加工（⑥）

　詳細なモデリングは，シミュレーションで再現できる事象を掘下げることができ，図 6.1.3 に示すように，ある種のシミュレーションの正確さを向上させる．図 6.1.2 に示すように，単純なモデルから多少複雑なモデルへ変更すること，モデリングの対象を大まかなものから詳細にしていくことは，シミュレーションの正確さを向上させる．

しかし，詳細なモデルをさらに掘下げても，シミュレーションの正確さはそれほど向上しない．一方で，モデリングを詳細にするということは，必要な入力データの収集，コンピュータでのプログラミング，シミュレーション再現時間など，多くの労力と時間を費やし，経済的に望ましいことではない．また，詳細すぎるモデリングは，シミュレーションの目的や把握すべき事象の本質への焦点を狂わせることもある．これらのことから，モデルの詳細さを必要以上に求めることは得策ではない．

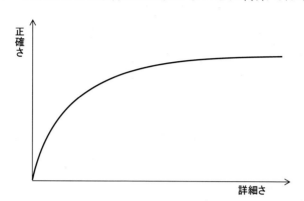

図 6.1.3　シミュレーションモデルの詳細度と正確度の関係

6.1.8　モデルの作成（⑦）

　対象物，システムの構成モデルと要素について，シミュレーション結果として必要な状況を再現できるイベントと属性が整っているかを検討する．モデル化の範囲の決定（②）や構成要素の検討（③）の過程で，過剰に考慮している事項は削除し，不足している事項は追加する．

　また，対象物の流れが分岐したり合流したりする部分で，作業の優先順位を検討することも時には必要である．プログラム上ではエラーのないシミュレーションであっても，1つの対象物をめぐって後工程の複数のモデルが対象物を取り合い競合して処理が進まないブロッキング（Blocking）などが生じ，現象を再現できない場合もある．

　このモデリングによってモデルが形づくられるが，それらのモデルや構成要素には，周辺環境に左右されず確定的な挙動をするもの，確率的な挙動をするもの，状況に応じて推論された結果に基づき挙動するものがある．次節以降では，これらの分類されたモデルについて解説する．

　モデルの作成では，作成，テスト（単体，結合，総合）といった段階がある．

６．２　離散体の基本モデルの種類と内容

6.2.1　離散体の基本モデルの種類

　離散体の基本モデルには，パーツ，バッファ，サービス，作業者，運搬がある（表6.2.1）．

表6.2.1　離散体の基本モデルの種類

モデル		説明
パーツ		任意の要素間を移動する離散変化物
バッファ		パーツを蓄えるもの
サービス		任意の要素からパーツを取り出して処理し、任意の要素へパーツを払い出すもの
作業者		任意の要素の処理（段取替え、修理、洗浄などを含む）に必要となるもの
運搬	コンベヤ	パーツを任意の地点から別の地点へ（当該要素の前方から後方へ任意の時間で）運搬するもの
	車両、台車	走路上を移動し、パーツを運搬、輸送するもの
	走路	パーツ、作業者が移動する経路

6.2.2　パーツ

（1）パーツの概要

　パーツ（Parts）は，システムを構成するほかの基本モデル，例えば，機械や運搬台車の間でやり取りされる．やり取りされるパーツは，工作物や製品などのモデルであり，その他にも，表6.2.2に示すようなものも考えられる．

　パーツに関連する事項として，「パーツの属性」と「パーツの処理方法」がある．

表6.2.2　パーツの適用例

システム	パーツモデルの適用例
工場、物流	完成品、仕掛品、ワーク、原材料、輸送車両など
流通、営業	商品、注文、伝票、クレームなど
情報通信	トランザクション、パケット、コール、デマンド、タスク、エラーなど
店舗	客、商品、カートなど
企業	企画案件、プロジェクト、クレームなど
社会	人、自動車、事件など

（2）パーツの属性

　パーツモデルで表現されるものには，重量，長さ，色などの属性を付与することができる．それらの属性は，発生した時点で与えられるもの，モデルで処理されることによって変化を受けるものが存在する．図6.2.1に，生産システムにおけるワークの属性内容の変化の例を示す．

（3）パーツの処理方法

　パーツは単独に存在できるが，複数のパーツから1つのパーツができたり，1つのパーツが分解され複数のパーツができたりする．このような処理は，図6.2.1に示すように，シミュレーションでは，システムに存在するパーツを定義し，組立機械のようなモデルで操作される．図6.2.2に示したように，パーツが組立てられても分解さ

れても，処理の前のパーツと処理の後のパーツの状態をすべてモデルとして定義する.

　また，個々のパーツが単独にサービスを受ける場合と，ロット生産のように複数の
パーツが一括してサービスを受ける場合が考えられるが，これらについては，サービ
スのモデルで取扱われる.

　このパーツのモデルは，自ら結合したり，分解したり，特性が変化したりしない.
自然損耗，自然増殖もしない. 自ら別なモデルへ移動することもない. これらの変化
を求める場合には，サービスのモデルなどを利用して行う.

　また，属性を活用して，パーツへ連続体を注入したり，パーツから連続体を抽出し
たりできる.

名称		原材料
属性	形状	円柱
	色	メタル
	穴数	0

名称		仕掛品
属性	形状	角柱
	色	メタル
	穴数	0

名称		仕掛品
属性	形状	角柱
	色	メタル
	穴数	1

名称		完成品
属性	形状	角柱
	色	メタル
	穴数	2

塑性加工　切削加工　切削加工

加工の進捗方向　→

図 6.2.1　属性内容の変化の例

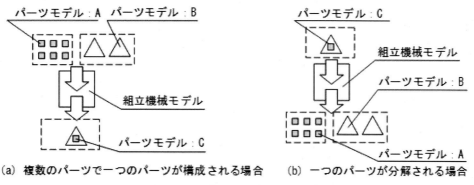

（a）複数のパーツで一つのパーツが構成される場合　　（b）一つのパーツが分解される場合

図 6.2.2　パーツの組立と分解

6.2.3　バッファ

　バッファ（Buffer）は受動的にパーツを受入れ保管し，バッファ自身はパーツを移
動しない. 例えば，工場での加工などの作業の前後にワークを一時的に仮置きする通
函や場所をモデリングするために使われる. 表 6.2.3 は，バッファモデルを適用でき
る事例について示したものである.

　バッファは，パーツを払出す時に，払出しの順序を決めることができる. 例えば，

何らかの優先順位や先入れ先出し，後入れ先出しといった払出しの順序指示ができる.

表 6.2.3　バッファモデルの適用例

システム	バッファモデルの適用例
製造	作業前後のワークの仮置き場所など
物流	倉庫、物流センターなど
交通	飛行機の離陸前（着陸後）の待機エリアなど
業務	発生したタスクを格納する整理ボックスなど

6.2.4　サービス

　サービスのモデルは，マシン（Machine）モデルとして表記されることもある. このモデルは，任意のモデル，工程，場所から取出したパーツを処理し，次のモデル，工程，場所へ払出すことができる. 表 6.2.4 は，このサービスのモデルを適用できる事例について示したものである.

　このサービスモデルは，パーツの処理方法によって，表 6.2.5 に示すような区分がある. それぞれの形態において，パーツ処理時間，段取替え（Set-up）時間，故障間隔時間，修理時間などを考慮し，処理に必要な作業者を考慮することもある.

表 6.2.4　サービスモデルの適用例

システム	サービスモデルの適用例
製造	旋盤などの各種機械、溶接などの作業工程など
物流	仕分機械、荷役機械など
交通	改札、輸送車両への搭乗など
業務	発生したタスクを処理する作業者

表 6.2.5　サービスの形態

サービス名称	模式図	処理時間	処　理
シングル	1個 → □ → 1個	t_s	一度に一つのパーツが処理される
バッチ	1ロット → □ → 1ロット	t_s	複数のパーツが同時に処理される
組立	N個 → □ → 1個	t_s	複数のパーツが一つのパーツへ結合される
分割	1個 → □ → M個	t_s	一つのパーツが一つ以上のパーツへ分割される

6.2.5　作業者

　作業者（Labor）のモデルは，サービスのモデルで行われる段取替え，修理などを含む処理を行うのに必要となるものである. 作業者のみならず，処理に必要な治工具などのツールをモデリングするためにも使用できる. 複数のサービスから要請される場合には，要請順に対応したり，作業中であっても優先度の高い処理へ対応したりす

るルールを考慮する.

表 6.2.6　作業者モデルの適用例

システム	作業員モデルの適用例
製造	製造ラインの作業員、
物流	庫内作業員
交通	飛行場の入館手続き担当者
業務	銀行の窓口担当者

6.2.6　運搬

（1）運搬の定義

　離散系シミュレーションで用いられる運搬のモデルを解説する.運搬のモデルを用いるシステムは,簡易な計算式で評価することが比較的困難な場合が多く,離散系シミュレーションの導入事例が多い.

　運搬（Materials Handling）とは,対象物を運び,移動させることである.運搬は,荷役（Handling）,（狭義の）運搬（Carrying）,保管（Stacking）に分類される.

（2）運搬に用いられる機械の種類

　運搬に用いられる機械は表 6.2.7 に示すものがあり,ここでは,荷役機械と運搬機械を中心にそのモデルを解説する.自動車,貨車車両,船舶,航空機などが行なう運搬は,輸送（Transportation）として定義される.輸送機械のモデリングは,運搬機械のモデリングと同一視されることも多く,運搬の概念に近似している.

　荷役は対象物を積卸し,積付けなどの処理を言い,狭義の運搬は対象物を比較的短い距離だけ移動させることを言い,保管は対象物を一定の場所に貯蔵することを言う.表 6.2.7 に示したように,多様な機械が存在するが,ここでは,クレーン,移動式クレーン,連続式荷役機械,産業車両,コンベヤ,運搬台車を対象に解説する.また,機械ではなく,作業者が運搬を行うことも考えられるが,システムモデリングでは,作業者の運搬モデルは,機械のモデルと同じようにモデリングすることが多い.

（3）走路のモデル

　運搬台車の走行する走路のモデリングでは,次の事項に着目することが多い.
①走路の長さ
②走行する運搬台車の制限速度
③走路を走行,停止できる運搬台車の数
④分岐など走路のレイアウト
⑤保全,アクシデント,運搬台車特性などによる走行規制

表 6.2.7　運搬に用いられる機械の構成

大分類	中分類	具体例
荷役機械	物上げユニット	巻上機
		テーブルリフタ
	クレーン	ジブ付クレーン
		天井クレーン
		特殊天井クレーン
		橋形クレーン
		グラブ付アンローダ
		コンテナクレーン
		船上クレーン
	移動式クレーン	トラッククレーン、ホイールクレーン
		クローラクレーン
		浮クレーン
	連続式荷役機械	連続式アンローダ
		シップローダ
		スタッカ
		リクレーマ
	産業車両	フォークリフトトラック
		ショベルローダ
		ストラドルキャリア
運搬機械	コンベヤ	ベルトコンベヤ
		チェーンコンベヤ
		エレベーティングコンベヤ
		ローラコンベヤ
		スクリューコンベヤ
		振動コンベヤ
		水コンベヤ
		空気フィルムコンベヤ
	運搬台車	軌道式運搬台車
		無軌道式運搬台車
保管などの設備		立体自動倉庫、棚設備、貯槽、容器
		仕分けコンベヤ、ピッキング設備、パレタイザ

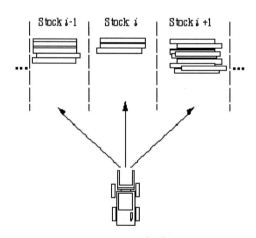

図 6.2.3　走路の分岐

　また，走行方向に交差点，分岐が存在する場合には，どの走路へ進入すべきかを検討する必要もある．例えば，図 6.2.3 に示すような一般的な分岐のモデルでは，目的関数を最大化する走路を選択したり，確率分布やモンテカルロ法に基づき走路を選択したり，ファジィ理論，ニューラルネットワーク，強化学習のアルゴリズムに基づき走路を選択するなど，多くの方法を検討することができる．

６．３　連続体の基本モデルの種類と内容

6.3.1　連続体の基本モデルの種類

　連続体の基本モデルには，流体，タンク，反応器（プロセッサー），パイプがある（表 6.3.1）．

表 6.3.1　連続体の基本モデルの種類

モデル	説明
連続体	任意の要素間を移動する連続変化物
タンク	連続体を蓄えるもの
反応器 （プロセッサー）	任意の要素から連続体を取り出して処理し、任意の要素へ連続体を払い出すもの
パイプ	反応器やタンクといった要素を接続するもの

6.3.2　連続体
（１）連続体の定義

　連続体とは，連続的（Continuous）につながっているようなものである．石炭などのばら物，小麦粉のような粉体，とうもろこしの実のような粒状のもの，土砂なども，連続体として扱われる場合もある．この連続体は，離散系シミュレーションの世界では，連続系と表現されることも多いが，第１章で述べたように，離散系のシミュレーションに対して，微分方程式を解くような連続系のシミュレーションという表現も存在し，明確にそれと区分するために，本書では，液体などのモデルを連続体と表記するものとした．

　離散系シミュレーションでは，連続体は，一定の小さな時間間隔における連続体の変化を考慮した擬似的なものとして扱われる．連続体の特質を考慮して離散変化モデルとともに離散系シミュレーションで扱えるように工夫されたものを連続変化近似モデル，あるいは，連続体モデルと呼ぶ．この連続体のモデルでは，図 6.3.1 に示すように，微小時間ごとの連続体の量の変化は再現されるが，任意の時刻から微小時間を加えた次の解析時刻までの間の変化については，離散系シミュレーションでは無視して扱われる．したがって，連続体のモデルの挙動では，解析刻み時間 Δt の大きさにより，現実との誤差，差異などが影響を受けるため，注意を要する．この解析刻み時間 Δt を，モニタ時間間隔と表記することもある．Δt を小さくとると，解析精度は向上するもののシミュレーションで再現するコマ数が増え，コンピュータの負荷が増大するため，検討が必要である．Δt を 10 分の 1 小さくとれば，シミュレーションで再現する時刻が 10 倍に増大するということである．

　連続体の処理（サービス）は，図 6.3.2 に示すように，連続プロセス（Continuous Process）とバッチプロセス（Batch Process）に分けられる．連続プロセスとは，処

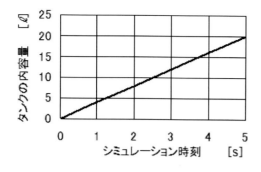

左の図のように，空のタンクへ連続的に流体が注入されるとき，シミュレーションにおいて，内容量が10リットルに達したと判断される時刻 ta は．．．

解析刻み時間（モニタ時間間隔）Δt：1秒のとき，$ta = 3$ 秒となる．

解析刻み時間（モニタ時間間隔）Δt：0.2秒のとき，$ta = 2.6$ 秒となる．

解析刻み時間（モニタ時間間隔）Δt：0.1秒のとき，$ta = 2.5$ 秒となる．

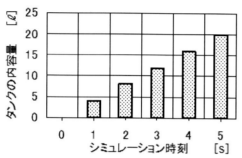

左の図は，Δt を1秒としたときのシミュレーションで再現される内容量である．Δt の間隔で注入が再現されていることがわかる．Δt の値を小さくとることで，シミュレーションの精度も向上するが，再現するコマ数が増えるので，計算の負荷が増大する．

図 6.3.1　解析刻み時間によるシミュレーションの精度と負荷の影響

連続体の化学反応は，反応開始から終了まで連続的なプロセスであり，その間に明確な区切り（イベント）を持つことができない．　このため，離散系システムシミュレータで扱うことは適切ではない．

連続体を任意の大きさのロットごとに分けた上で処理すれば，離散系システムシミュレータで扱うことができる．

（a）連続プロセス　　　　　　　（b）バッチプロセス

図 6.3.2　連続体の処理（サービス）とシミュレーション

理時間内に対象となる連続体が変化するプロセスである．これに対して，バッチプロセスとは，任意の大きさのロットごとに，処理を行うものである．例えば，バッチプロセスは，シミュレーションにおいて，容器への投入，撹拌，過熱，排出といったようにプロセスに区切り（イベント）を持つことができる．ここで，イベントとは，シミュレーションにおいて観察しているモデルが状況を変化させるが，その変化の節目，節目の状況のことである．連続プロセスでは，化学反応のように，連続的に変化するため，反応開始時の状態から反応完了時の安定した状態の間のプロセスに，万人に理

解されるイベントを持つことができない．このため，イベントの変化に着目して現象を再現する離散系シミュレーションでは，一般的に，連続プロセスに対応した基本モデル，要素を用意しておらず，連続プロセスを考慮するために工夫が必要である．

　バッチプロセスの個々のイベントの中で，連続プロセスを定義することは可能であるが，モデリングに必要となる工数，シミュレーション解析の実行速度の観点から，現実的ではないものと判断される．多くの場合，バッチプロセスで扱う解析刻み時間と連続プロセスで扱う解析刻み時間とでは，その大きさに隔たりがあり，一般的には，製造ラインやプラントの生産性を検討する場合，化学反応のような連続プロセスを再現することはない．連続プロセスを検討する場合には，離散系シミュレーションで連続体を扱うことはなく，微分方程式などを活用した連続系シミュレーションで対応することが多い．

　ここまで，離散系シミュレーションにおいて，連続体を取扱う場合の注意事項などを解説してきた．次節以降では，連続体を取扱う離散系シミュレーションに用いられる代表的な連続変化近似モデルを基本モデルとして解説する．

（2）流体などの連続体のモデル

　流体や粉体，その取扱いやモデリングによっては，ばら物なども，連続体としてモデリングされる．連続体として流体，液体をイメージすることは容易である．図6.3.3は，このモデルで扱われることが多い粉体やばら物の例を示したものである．

　パーツモデルと同様に，属性を付与することができる．基本的に，このモデルは，自らアクティブに次工程へ移動したり，他の連続体と触れ合って自然に別な特質のものへ変化したり，自然に損耗や増大することはない．このモデルは，次節以降に説明するモデルによって処理される．この処理によって，連続体を別な特質のものへ変化させることができる．

（a）穀物　　　　　　　　　　　　（b）鉱石

図6.3.3　連続体として扱われる粉体やばら物の例

6.3.3　タンク

　タンクは，流体などの連続体を貯蔵する容器である．このモデルは，自らアクティブに連続体を取込んだり，排出したりすることはない．ただし，修繕などによる未運用（オフシフト）状況や運用可能（オンシフト）状況を設定したり，連続体の取込み前や排出後に洗浄などの一定作業を設定したりすることはある．

　また，タンク内の連続体の量を計測して，イベントを設定したり，別なモデルにアクションを促す設定をしたりすることもある．例えば，貯えている連続体がタンクの容量の 80 パーセントを超えたら取込バルブを閉じるイベント信号を発信したり，100 パーセントに達したら排出バルブを開放するイベント信号を発信したりする例が考えられる．

　表 6.3.2 は，タンクのモデリングで設けられることの多い項目を示したものである．

表 6.3.2　タンクのモデリングで考慮される項目

項目	内容
内容物	タンク内の連続体の種類と量
容量	連続体を収納できる大きさ
作業者	取扱時の作業者の指定
シフト	運用可能時間の設定
洗浄	運用時間、取扱種の変化などの条件によって設定された時間での洗浄
警告レベル	内容量が上昇あるいは下降し指定の値に達したとき、設定されたアクションの実行
変種	発酵などによる取扱われた連続体の特性の変化

6.3.4　反応器（プロセッサー）

　反応器は，連続体をバッチプロセスで処理する．このモデルは，タンクのモデル同様に，連続体を貯える機能を持っており，さらに，連続体を取込んだり，排出したりする機能を有する．表 6.3.3 は，反応器のモデリングで設けられることの多い項目を示したものである．タンクとは異なり，取込と排出時の故障を考慮する．

　タンクと同様に，修繕などによる未運用（オフシフト）状況や運用可能（オンシフト）状況を設定したり，連続体の取込み前や排出後に洗浄などの一定作業を設定したりすることもある．反応器内の連続体の量によって，モデルの内外へ指定のイベントを行うように促す信号の発信といったことも，タンクと同様に考慮することもある．

表 6.3.3　反応器のモデリングで考慮される項目

項目	内容
内容物	反応器内の連続体の種類と量
容量	連続体を収納できる大きさ
処理	最小処理（反応）量、処理に要する時間
作業者	取扱時の作業者の指定
シフト	運用可能時間の設定
故障	運用時間などの条件によって設定された時間での修理、修理完了後の反応器内の連続体の使用あるいは破棄の選択
洗浄	運用時間、取扱種の変化などの条件によって設定された時間での洗浄
警告レベル	内容量が上昇あるいは下降し指定の値に達したとき、設定されたアクションの実行
変種	発酵などによる取扱われた連続体の特性の変化

6.3.5　パイプ

　パイプは，連続体を流すものである．このモデルは，離散変化モデルの基本モデルのコンベヤに相当する．パイプは，反応器やタンクを接続するものである．連続体はパイプ内を設定した流量で流れる．

　表 6.3.4 は，パイプのモデリングで設けられることの多い項目を示したものである．

　特に，パイプの場合，タンクや反応器のような洗浄ではなく，次の処理で取扱う連続体を通過させて洗浄する方法，すなわち，パージ(Purge)されることもある．

　パイプは，タンクや反応器を接続するものであるが，タンクや反応器への連続体の移送の際，シミュレーションでは必ずしも必要ではない．離散変化モデルを用いる離散系シミュレーションでも解説したが，基本モデルを組合わせたシミュレーションでは，基本モデルをルールで連結する．例えば，基本モデル i は基本モデル i-1 から連続体を注入する．処理が終了したら，基本モデル i は基本モデル i+1 へ連続体を払出す1．これら注入と払出しのとき，連続体では，流量を設定する．これにより，システムのモデリングで，パイプを省略することもある．

表 6.3.4　パイプのモデリングで考慮される項目

項目	内容
内容物	反応器内の連続体の種類と量
容量	連続体を収納できる大きさ
流量	パイプ内の搬送速度
作業者	取扱時の作業者の指定
シフト	運用可能時間の設定
故障	運用時間などの条件によって設定された時間での修理、修理完了後の反応器内の連続体の使用あるいは破棄の選択
洗浄	運用時間、取扱種の変化、パージなどの条件によって設定された時間での洗浄
変種	パイプを通過することによる連続体の特性の変化

６．４　モデリングの例

6.4.1　クレーンのモデル

（１）クレーンのモデルの概要

　図 6.4.1 に示すこれらの荷役機械は，図 6.4.2 に示すように単純なサービスを行うモデルとして表現することも多い．荷役機械モデルは，仮置き場所に置かれた対象物，あるいは，貨車や船舶などの輸送機械，運搬機械などが搬入する対象物を，設定した荷役容量で処理し，搬出する．この荷役機械のモデリングにあたっては，サービスの形態や付随する考慮事項を参考にしたサービスのモデリングと同じように考えて問題がない場合が多い．また，荷役機械の動作性能，例えば，対象物をつかむ，持上げる，旋回する，降ろすといった工程を特に考慮したい場合，マルチステーションのモデルにより，各工程を考慮するなどの方法がある．

（a）ジブ付クレーン

（b）天井クレーン

（c）橋形クレーン
（トランスファクレーン）

（d）コンテナクレーン

図6.4.1　クレーンの一例（出典：住友重機械工業）

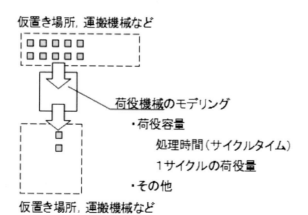

図6.4.2　簡易な荷役機械のモデル

　図6.4.3は，一般的に見られるクレーン作業の荷役サイクルとモデルとして考慮する内容を示したものである．巻上げ下げ，ジブ起伏，旋回などの挙動特性は，定常速度のみを考慮して簡易に検討する場合，起動時の非定常過渡状態を考慮して詳細に検討する場合がある．これらの挙動の起動時と制動時のモデリングの一例を次に示す．

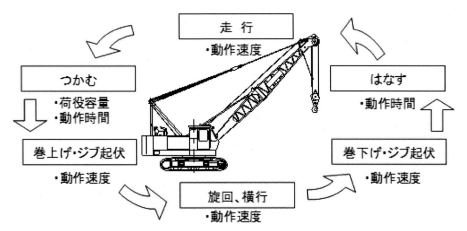

図 6.4.3　クレーン作業の荷役サイクルとモデリングの例

（2）クレーンの起動時および制動時のモデリングの例

1）起動時

　起動時の 3 つの値（変位加速度 A_0，変位速度 V_0，変位量 D_0）は，定常速度 V_m，定数 K_0（起動特性など），時刻 t を用いることで，下式で表すことができる.

$$
\left.
\begin{aligned}
A_0 &= V_m K_0 t\, e^{-Kot} \\
V_0 &= V_m\left\{ 1-\left(1+K_0 t\right)e^{-Kot} \right\} \\
D_0 &= V_m\left\{ t+\frac{1}{K_0}\left\{\left(2+K_0 t\right)e^{-Kot}-2\right\} \right\}
\end{aligned}
\right\}
\qquad \cdots\cdots\cdots\cdots \quad (6.1)
$$

2）制動時

　減速する制動時の 2 つの値（制動開始後の時間 tz，制動時加速度 B_0）は，制動開始時間 ts，制動時の速度 V_s，制動時加速度が作用する時間 t_B を用いることで，下式で表すことができる.

$$
\left.
\begin{aligned}
tz &= t-ts \\
B_0 &= \frac{Vs}{t_B}
\end{aligned}
\right\}
\qquad \cdots\cdots\cdots\cdots\cdots\cdots\cdots \quad (6.2)
$$

6.4.2　連続式荷役機械のモデル

　図 6.4.4 に示すこれらの連続式荷役機械（Continuous Handling Machine）は，図 6.4.2 に示したものと同様にサービスを行うモデルとして表現することも多い.

　連続式アンローダは，船舶といった輸送機械などから，荷役対象物を連続的に荷揚げする機械である．この連続的に荷揚げするしくみには，多数のバケットを連続的に回転させるもの，コンベヤ形式のもの，空気搬送（ニューマ）形式のものなどがある.

（ａ）連続式アンローダ　　　　　　（ｂ）シップローダ

（ｃ）スタッカ　　　　　　　　（ｄ）リクレーマ

図6.4.4　連続式荷役機械の一例（出典：住友重機械工業）

シップローダは，輸送機械などへ荷役対象物を積込む機械である．スタッカは，スタッキングヤードへ対象物を積付ける機械で，機能的にはシップローダと共通している．シップローダとスタッカは，積込みあるいは積付けのときに，輸送機械あるいはスタッキングヤードに対して，どのように積付けるのが適切であるかを考慮することも多い．リクレーマは，スタッキングヤードに積付けられた荷役対象物を払出す機械であり，連続式アンローダと機能的には同じである．このスタッカとリクレーマを1台で行うスタッカリクレーマも存在する．

　連続式荷役機械の構造や走行，起伏，旋回といった動作を考慮したモデリングを行う場合には，前項に示したクレーンと同じように考える．また，荷役対象物の性質と搬送形式によっては，連続体に関係する基本モデルを用いてモデリングすることが適切な場合もある．

6.4.3　コンベヤのモデル

　図6.4.5に示すように，コンベヤ（Conveyor）の形態には，固定型と前詰型がある．固定型では，運搬の対象物の間の距離が変わることなく運搬される．前詰型では，運搬の対象物を，例えば手で押さえると，それほど抵抗も受けずに，後続の対象物との距離が徐々に短くなり，やがては後続の対象物と接触することもある．コンベヤの

種類を固定型と前詰型に分類したものを表 6.4.1 に示す.

コンベヤのモデリングでは，形態，コンベヤに積載することができる運搬対象物の個数，タクトタイムに着目することが多い. タクトタイム は，コンベヤに最大に対象物を積載した状態，すなわち，最も密に対象物が並べられた状態において，対象物が前方の対象物の位置へ移動するまでの時間であり，次式で表される.

$$T_{con} = \frac{L_f}{v_{con}}$$　・・・・・・・・・・・・・・・・・・・・・・　(6.3)

ここで，L_f は運搬対象物のコンベヤ進行方向の長さ，v_{con} はコンベヤの運搬速度である. また，サービスに付随する考慮事項を付加してモデリングすることも多い.

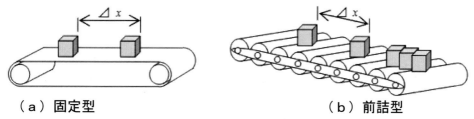

（a）固定型　　　　　　　　　　（b）前詰型

図 6.4.5　コンベヤの形態

表 6.4.1　コンベヤの形態

形態	種類
固定型	ベルトコンベヤ
	チェーンコンベヤ
	エレベーティングコンベヤ
前詰型	ローラコンベヤ
	スクリューコンベヤ
	振動コンベヤ
	水コンベヤ
	空気フィルムコンベヤ

6.4.4　運搬台車のモデル

図 6.4.6 に示した産業車両と運搬台車（以下，運搬台車という表現でまとめて説明する）を使用する運搬のモデリングでは，運搬台車とそれが走行する走路のモデルを作成する必要がある. ここでは，運搬台車のモデリングについて言及し，次項で走路のモデリングを扱うものとする.

まず，運搬台車のモデリングでは，次の事項に着目することが多く，本章の 6.5 節に示したサービスに付随する考慮事項なども検討される.

（1）積載能力（対象物の個数や重など）

（2）積載および無積載時の定常走行速度

（3）停止状態と定常走行状態の間の加減速特性

（4）運搬対象物の荷積み，荷降ろし時間

（a）フォークリフト　　（b）ショベルローダ　　（c）ストラドルキャリア

（d）無軌道式無人搬送車　　　　　　（e）ベッセルダンプ

図 6.4.6　産業車両，運搬台車の一例（出典：TCM）

　停止状態と定常走行状態の間の加減速特性については，例えば，式（6.1）と式（6.2）もシミュレーションで用いられている．

　また，運搬対象物の荷積み，荷降ろし時間については，多くの運搬物がある場合，荷積みの前半と後半では作業の早さが異なることもあり，モデリングで注視されることがある．例えば，資材倉庫から運搬対象物を搬出する場合には，入口近くの物は比較的短時間に取出せるが，作業が進むにつれて，倉庫の奥の方から物を取出すことになり，比較的時間を要することになる．

　運搬台車のモデリングでは，機械性能などの基本仕様については他の運搬機械と同様に取扱えるが，どのように運行させるかといった運用面での仕様を検討する必要がある．運搬台車は他の運搬機械と比べて機動性が高く運用の自由度が高いのである．運搬台車の運用形態には，巡回サービス型，待機サービス型などがある．巡回サービス型では，決められた路線を走行し，運搬物の積み降ろしなどのサービスが求められる状況に遭遇したときに，運搬作業を行う．待機サービス型では，最後に運搬物の積み降ろしなどのサービスを行った場所に留まり，あるいは，所定の停車場所へ移動し待機し，サービスの要求があったときに，そこへ移動して運搬作業を行う．これらのほかにも，決められた路線を巡回しているものの，サービスの要求があった場合，そこへ移動して運搬作業を行うが，移動途中に運搬作業できるものがあったとしても，サービスの要求があったところへ移動して運搬作業を行う巡回待機サービス型も存在する．また，定時に定位置で待機し，運搬物の発生，到着を待つ定時定点待機サービス型も存在する．これらの運用形態の特徴をまとめたものを表 6.4.2 に示す．

表 6.4.2　運搬システムの運用形態

サービス形態	内容	長所	短所
巡回型	運搬台車は、決められた路線を巡回し、サービスを提供する。	運用管理が簡単である。	サービス利用者が少ない場合には、無駄な巡回走行となる。
待機型	運搬台車は、所定の停車場所で待機し、サービスの求めに応じて移動し、作業を行う。	サービス要求が無いにもかかわらず巡回するといった無駄な走行が無くなる。	待機場所から離れている地域では、サービスを受けるまで、時間を要する。
巡回待機型	巡回している運搬台車は、サービス要求を受け、要求先へサービスを提供する。	サービスの要求を出した者は、他のサービス受給者よりも比較的早くサービスを受けられる。	目前に運搬台車があってもサービスを受けられないことがある。
定時定点待機型	運搬台車は、定時に定位置で待機し、運搬物の発生、到着を待つ。	運搬台車は、決められ時間とコースを守るだけで、効率的運搬を実現できる。	サービス受給者が、運搬台車の到着時間などに注意を払う必要がある。

第 7 章　モデルの検証

　本章の目的は，モデルの正しく作成されているかどうかを検証する方法を理解することである．

　そこで本章では，最初にモデルの妥当性検証の考え方を述べた上で（7．1），入力データ（7．2），プログラム（7．3），出力データ（7．4），およびモデル全体の連成した挙動（7．5）の検証方法を示す．

7．1　モデルの妥当性検証の考え方

　モデルの妥当性検証では，入力データの検証，プログラムの検証，出力データの検証，連成した挙動の確認の 4 つを行う（図 7.1.1）．

　このうち，入力データの検証，プログラムの検証，出力データの検証はモデルの各部の検証であり，連成した挙動の確認はモデル全体の検証である．

図 7.1.1　モデルの妥当性検証の種類

7．2　入力データの検証

7.2.1　入力データの検証の考え方

　モデルから正しい解を得るには，正しい入力データを与える必要がある．

　入力データの妥当性を検証する際は，第5章で述べた手法の他に，データが対象のシステムを正しく表しているかどうかを，論理的に検証する必要がある．論理的な検証には，①データの取得方法の検証，②入力データの単位の検証，③入力データの値の検証がある．

7.2.2　データの取得方法の検証（①）

　データの取得方法の検証では，計測データを使用する場合，計測方法はモデルの作成担当者の想定と合致しているかどうか確認する．計測に関する想定と実際の不一致は，単純なミスで発生することもあるが，計測の都合でやむを得ず発生することも珍しくない．

　例えば，計測機器の性能以上の精度のデータは計測できない，計測担当者の休憩時間のデータは計測できない，計測期間が短ければ時期による計測値の変動は計測できないなどが挙げられる．

7.2.3　入力データの単位の検証（②）

　入力データの単位の検証では，どのような単位で値が記録されているか確認する．また，データの単位が項目毎に異なる場合は，モデルに入力する前に単位を統一した方がデータの確認がしやすくなり，誤りを予防できる．

　例えば，入力データの自動搬送車の速度の単位が[km/時]，走行距離の単位が[m]の場合，自動搬送車の速度の単位を[m/時]にする，または走行距離の単位を[km]にすることで，単位を統一する．

7.2.4　入力データの値の検証（③）

　入力データの値の検証では，データの値が妥当な範囲に収まっているかを確認する．妥当な範囲に収まっているかどうかは，モデル作成者だけでは判断できず，現場の担当者に確認が必要である場合が多い．

　例えば，各作業の標準作業時間が実際よりも長い，故障の発生頻度分布が実際と異なるなどが挙げられる．

7．3　プログラムの検証

7.3.1　プログラムの検証の考え方

　一般的なプログラムと同様に，シミュレーションモデルのプログラムも，バグ（プログラムの誤り）がないよう注意を払う必要がある．

　プログラムの妥当性の検証には，①プログラム時の検証や，②プログラムの完成後の検証がある．

7.3.2　プログラム時の検証（①）
（1）プログラム時の検証の進め方

　プログラム時の検証は，エラーを作らないよう予防するために行う．プログラムの完成後にエラーが発覚した場合，特に大規模なプログラムでは，エラー箇所の特定に時間を要する．したがって，プログラム時は検証しやすい単位に分割して，単位毎に問題がないことを検証してから次の単位の作成に移り，徐々にプログラムの規模を大きくしてゆくように進める必要がある（図7.3.1）．

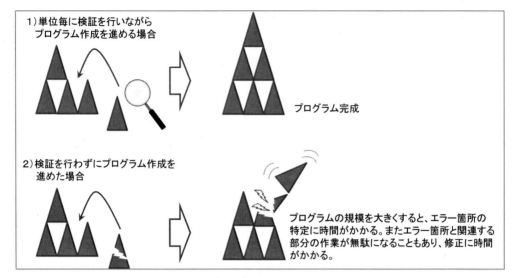

図7.3.1　プログラム時の検証の概念図

（2）プログラムの検証を行う単位

　プログラムの検証を行う単位は，モジュール単位での検証などが挙げられる．

　例えば，バッファとマシンの組が3つ連なるモデルで，各バッファに「バッファに入った製品は少なくとも〇〇分バッファに滞在するが，△△分以上バッファに滞在していたパーツは廃棄される」という条件がある場合を想定する．

　この動作を検証するには，パーツ（製品)と，バッファとマシン（工程）を各1つだけ含む，モデルの単位を作成し，以下を確認すると良い（図7.3.2）．

・確認1：パーツを1つだけバッファに投入した時，パーツがバッファから取り出されるまでの時間は〇〇分か？

・確認2：バッファに投入するパーツが多かったり，マシンが故障していてパーツがバッファに滞留したとき，バッファに滞在している時間が△△分に達したパーツは廃棄されるか？

　上記が確認できてから，1つ目と同様の設定で他のバッファを作成する．もし検証前に3つのバッファとマシンをすべて設定してしまうと，上記2点の検証がしづらくなる上，もし設定に誤りがあった場合の手間が3倍になるからである．

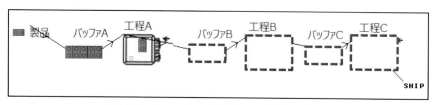

図7.3.2　プログラムの単位の例

7.3.3　プログラムの完成後の検証（②）

　プログラムの完成後の検証は，プログラム全体のエラーを発見するために行う．プログラム時の検証を適切に行ったとしても，プログラム全体で実行した場合，エラーが発生する場合がある（図7.3.3）．

　例えば，入力部と出力部の結合テストなどが挙げられる．

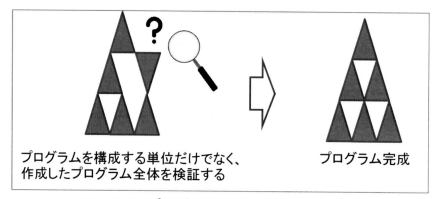

図7.3.3　プログラム全体の検証の概念図

7．4　出力データの検証

7.4.1　出力データの検証の考え方

　モデルを作成したら，テスト用データでモデルを実行して，正しい出力データが得られているかを確認する必要がある．

　出力データの妥当性を検証する際には，①設計とモデルの一致の検証，②設計の妥当性の検証がある．

7.4.2　設計とモデルの一致の検証（①）

　設計とモデルの一致の検証は，モデルが設計通りに作成できていることを確認するために行う．

　例えば，出力すべき項目がすべて出力されるか，設計式に沿って筆算で求めた値と出力値が一致するかなどが挙げられる．

7.4.3　設計の妥当性の検証（②）

　設計の妥当性の検証は，モデルの設計が正しいかどうかを確認するために行う．モデルを実行して結果を確認することで，設計の漏れや誤りに気付くことは多い．実行結果の確認では，現実のシステムの動作を理解している人に見てもらうと良い．

　例えば，稼働率の出力で集計対象とする時間帯の確認などがある．

7．5　連成した挙動の検証

7.5.1　連成した挙動の検証の考え方

　モデルの各部の妥当性の検証を終えたら，モデル全体の連成した挙動を確認する．

　連成とは複数の異なる現象がお互いに影響することであり，連成した挙動とは個々の挙動のみではなく，お互いに影響する現象も考慮した挙動である．

　例えば，鉱山機械の運用をシミュレーションするとき，ショベルとダンプのそれぞれの挙動のみでは現実を再現できない．すなわち，ショベルは掘削・旋回・積込み，ダンプは運搬・荷降ろし・移動といった挙動があるが，ショベルはダンプが到着していなければ積込みや次の掘削が始められず，ダンプはショベルの掘削が終わっていなければ出発できない．

　連成した挙動の検証では，①設計とモデルの一致の検証，②出力制約の充足の検証，③モデルの再現性の検証の3つを行う．

7.5.2　設計とモデルの一致の検証（①）

（1）設計とモデルの一致の検証の考え方

　モデルが設計通りに作成できているかどうかを確認するために，モデル設計書に記載されたすべての項目からテスト項目を作成し，テストを行う．テスト項目の記載例を表 7.5.1 に示す．

表 7.5.1　テスト項目の記載例

分類	ケースNo.	期待される動作	テスト結果		
			実施日	結果	備考
A.作業時間	A1	装置Aによる入庫作業時間は**となる．	4/1	OK	
	A2	装置Bによる出庫作業時間は**となる．	4/1	OK	
	A3	・・・			
B.車両の制御	B1	車両はゲート1を通って駐車場から出る．	4/1	OK	
	B2	車両が駐車場から出ようとしたときにゲート1の前に別の車両がいる場合は，別の車両がいなくなるまで駐車場内で待つ．	4/2	×	ゲート1の前に別の車両がいるのに，駐車場から車両が出て反対車線に入ってしまいました．
C.クレーンの制御	C1	・・・		・・・	
	C2	・・・		・・・	

（2）設計とモデルの一致の検証の実施

　テストには，モデル作成と同程度以上の時間がかかる．テストを効率的に行うためには，モデルを作成する時に，エレメントの動作内容や動作した時刻をファイルに出力できるようにしておくと良い．

　例えば，装置A，装置Bの動作を確認したい場合は，表7.5.2のように，時刻と装置名，部品名，動作をテキストファイルに出力しておくと，各装置の処理時間や部品の移動経路などを簡単に確認できる．

表7.5.2　ログファイルの出力例

```
時刻，装置名，部品名，動作
5，装置A，部品001，"到着"
5，装置A，部品001，"処理開始"
15，装置A，部品001，"処理終了"
15，装置A，部品001，"出発"
15，装置B，部品001，"到着"
15，装置B，部品001，"処理開始"
30，装置B，部品001，"処理終了"
30，装置B，部品001，"出発"
```

7.5.3　出力制約の充足の検証（②）

（1）出力制約の充足の検証の考え方

　作成したモデルの出力が，制約を満たすかどうかを確認する．制約からかけ離れたシミュレーション結果が出た場合は，モデルに何らかの間違いが含まれる可能性がある．

　モデルの出力に関する制約には，計画量の制約，コストの制約，リソースの量の制約などがある．

（2）計画量の制約

　計画量の制約とは，計画した時間内に，計画量を処理できることである．

　例えば，計画した時間を1日，ある商品の計画量（生産量）を10個としたとき，1日のシミュレーションで10個生産できるかを検証する．

（3）コストの制約

　コストの制約とは，コストが許容範囲内であることである．

　例えば，ランニングコストを100万円としたとき，100万円以内であるかを検証する．

（4）リソース量の制約

　リソース量の制約とは，使用するリソース（機械，人，部品など）の量が許容範囲内であることである．

　例えば，ある工場の作業人数が 10 人のとき，10 人以内であるかを検証する．

7.5.4　モデルの再現性の検証（③）

（1）モデルの再現性の検証の考え方

　モデルの再現性の検証では，モデルが現実のシステムを正しく表現しているかどうかを確認する．

　モデルの再現性の検証には，出力結果のばらつきの検証，モデルの動作の検証，ボトルネックの検証，デッドロックの検証などがある．

（2）出力結果のばらつきの検証

　出力結果のばらつきの検証では，シミュレーションの出力結果が，現実のばらつきの範囲内であることを確認する．

　例えば，現実の生産量のばらつきが 50〜60 個のとき，シミュレーションの出力結果がこの範囲内であるかを確認する．図 7.5.1 は，現実とシミュレーションの日生産量のばらつきの比較例である．21 日目と 25 日目のシミュレーションの日生産量が，現実の日生産量の上限である 60 個を超えている．

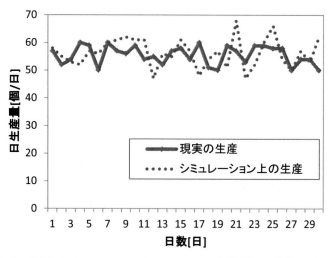

図 7.5.1　現実とシミュレーションの日生産量のばらつきの比較例

（3）モデルの動作の検証

　モデルの動作の検証では，現実のシステムの動作を理解している人にモデルの動作を説明して出力値やアニメーションを見せ，モデルが現実のシステムの動きを正しく表現しているかどうか，確認してもらう．特にアニメーションを見てもらう方法は，

多くの人に検証を依頼できる利点があるほか，文章や静止画では説明しづらい複数の要素の関係が画面上でわかりやすく示されるため，設計の漏れが発見しやすくなる．

（4）ボトルネックの検証
1）ボトルネックの検証

ボトルネックの検証では，シミュレーション上のボトルネックが，現状と合っているかを確認する．

例えば，生産ラインの異常停止をシミュレーションするときの異常の発生時刻や発生箇所などが挙げられる．

2）ボトルネックの例

図7.5.2 は，製品がバッファ A から工程 C まで流れるシステムで，工程 B の1回あたりの処理時間（以下，サイクルタイムと呼ぶ）が他の工程よりも長く，工程 B がボトルネックとなっている時の様子を示している．

工程 A は処理し終えた製品をバッファ B に入れ，工程 B はバッファ B から製品を取って処理を行うが，工程 B の方が処理に時間がかかるために工程 B の処理手前にあるバッファ B は，パーツが溜まって満杯になっている．このため工程 A はブロッキング（次工程が空いていないため処理が終わったパーツを出せず停止している）状態になり稼働率が下がる．また，工程 C は，製品の処理後に，スタービング（次の製品が工程 B から供給されないため加工ができず待っている）状態になるので，やはり稼働率が低くなる．

一方，工程 B は，処理を完了した製品をすぐに空いているバッファ C に出して，バッファ B から次の製品を取り出して処理を開始することができるので，稼働率が高くなる．

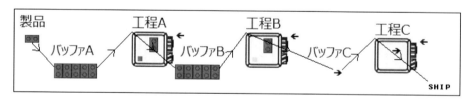

図7.5.2　ボトルネックの例

3）ボトルネックの検証の実施

ボトルネックの検証では，第一に，シミュレーション実行中の動きをアニメーションで観察し，行列ができている個所を探す．例えば，図7.5.2 では工程 B がボトルネックで，その手前のバッファ B に行列ができて満杯になっているために，上流の工程 A とバッファ A にも行列ができている．

第二に，ブロック状態になる割合が高い箇所がないかを確認する．該当箇所があれば，その次の工程がボトルネックである可能性がある．例えば，図7.5.2 では工程 A

はブロック状態になっている．これは次の工程 B がボトルネックでバッファ B が満杯になっており，工程 A から製品が次の工程へ出せないためである．

　第三に，稼働率が高すぎる箇所はないかを確認する．他の箇所に比べて稼働率が特に高い箇所は，ボトルネックである可能性がある．例えば，図 7.5.2 では工程 B はボトルネックで稼働率が高い一方で，工程 A はブロック状態になる割合が高いため，工程 C は製品が前工程から供給されないために稼働率が下がっている．

　第四に，各工程や作業者などの統計量や，時間毎の状態を表すガントチャートを作成して，稼働率が想定より低い箇所がないか，また長時間停止している箇所がないか調べる．稼働率が想定より低かったり，長時間停止している箇所があれば，その周辺にボトルネックが存在する可能性があるので，原因を調べる．調べ方には，a. 想定と異なる現象が発生している時刻の前後のアニメーションを観察する，b. 現象が発生している時刻でシミュレーションを停止させて，画面表示や，問題の現象と関連するエレメントの状態や統計量を調べるなどがある．

（5）デッドロックの検証
1）デッドロックの検証
　デッドロックとは，ロジック上の問題でシステムが停止して，それ以上動けなくなってしまう状態である．

　デッドロックの検証では，デッドロックが発生しないことを確認する．シミュレーション上でデッドロックが発見されるのは，モデルを長時間実行した場合や，入力データを変えてシミュレーションを複数回実行した場合が多い．デッドロックは現実のシステムでも起こり得る現象であるので，ロジックの変更が必要な場合は，現実のシステムの動作を理解している人にロジックの妥当性を確認しながら変更する必要がある．

2）デッドロックの例
　図 7.5.3 は，駐車場に入ろうとする車の列と，駐車場から出ようとする車を示している．

　駐車場に入ろうとする車 A は，駐車場が空くのを待っており，その後ろに駐車待ちの車の列ができている．駐車場から出ようとする車 B は，出口を塞いでいる車 C が移動するのを待っている．しかし車 A が駐車場に入らなければ車 C が移動しないので，車 A，B，C とも動けない．その結果，デッドロックが発生している．

　なお，この例でのデッドロックの解消方法には，a.車 C を駐車場の出口よりも手前で停止させ，駐車場の出口が塞がらないようにする，b.車の列の位置を変える，c.駐車場の出口の位置を変えるなどがある．デッドロックを回避するためにロジックを変更する場合は，実際の駐車場管理者と相談しながら，現実に実行可能なロジックを採用する必要がある．

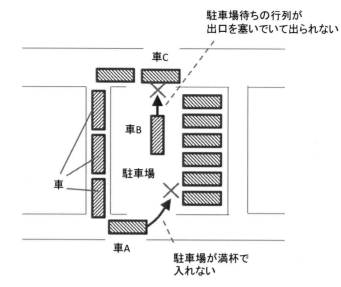

図 7.5.3　デッドロックの例

参考文献

1)Lanner Group 編著，伊藤忠テクノソリューションズ訳，WITNESS ワークブック
　パート 1 ,pp.13-14,2016
2)Al-Aomar, Edward J.Williams, and Onur M. Ülgen, Wiley, Process Simulation
　Using WITNESS, pp.30-31, pp.305-330, 2015

第8章　実験計画と実施

　本章の目的は，シミュレーションによる実験計画，実施を行う際の手順とシミュレーション結果の分析における統計手法について理解することである．

　そこで本章では，最初に，シミュレーションによる実験でどのように計画し進めていく手順について示す（8．1）．次に，シミュレーション結果の統計的分析手法について示す（8．2）．

8．1　シミュレーションによる実験計画

8.1.1　シミュレーションによる実験計画の検証の流れ [1]
　実験計画では，前章までで作成したデータである入力情報とモデルを用いてシミュレーションを行うことにより問題が解決でき，さらに効率的に進めていくため事前に計画を立て準備する必要がある．具体的には，シミュレーション実験の前提条件を確認し，効率的な実験の計画や手順などの「実験計画」を立案し，入力情報である入力変数を 8.1.4 項（3）で後述する水準の間隔である粒度などを考慮しながら「入力変数」を決定し，「シミュレーションの実施」を行う．多くの出力情報をともなう「シミュレーション結果の解析」を行い，シミュレーションの目的を達しているかどうか「シミュレーション結果の評価」を行う．目的を達していない場合は，再度，実験計画に戻り繰り返し検討する．

　また，本書では割愛するが農業分野から発展した実験計画法という手法があり，「効率的かつ経済的に，妥当で適切な結論に到達できるような実験を計画する方策」（JIS Z8101-3)とされている．本手法は，入力変数や入力パターンが多い場合に，実験の目的を達成しつつシミュレーション回数を減らすことができ必要に応じて利用して欲しい．

8.1.2　シミュレーションの構造 [2]
　シミュレーションは，図 8.1.2 に示すようにシミュレーションモデルに入力情報を入力しシミュレーションを行い，出力情報を出力する．出力情報をもとに分析し，評価・検討をもとに，さらに，次のシミュレーション検証を行うために入力情報を検討してシミュレーションを繰り返し行う．この繰り返し検証を行うためには，何の情報を与えられ，何の情報をコントロールでき，何を検証したいかシミュレーションの目的を明確化しないと検証は行えない．

　そのため，シミュレーションによる出力情報は何をどのように評価を行うかを明確化する．図 8.1.2 に示す生産システムシミュレーションの例では，生産システムシミュレーションでは，出力情報として単位時間当たりの生産量，設備の稼働率，仕掛品

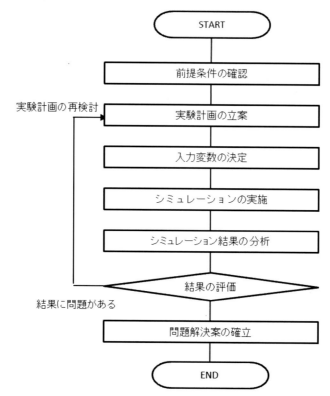

図8.1.1　シミュレーションによる実験計画と検証の流れ

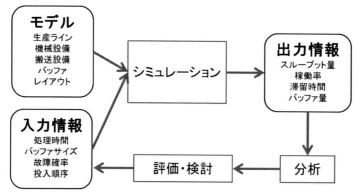

図8.1.2　シミュレーションの構造(生産システムシミュレーションの例)

在庫量などが出力されるが,生産量の向上を検討したいのか,在庫低減を検討したいのかなどのシミュレーションを行う目的によって評価する出力情報が異なる.

　評価する出力情報が決まると,このシミュレーションを行うモデルに対応する入力情報を検討する.モデルは設備,搬送設備やレイアウト情報などから構成されるが,シミュレーションにおける入力情報は,設備の処理時間や変動,バッファサイズ,製品の投入順序など,多くの入力変数を設定・可変させることが可能であるが,対象となる現実の世界ではどの入力変数が対象であるかを設定する必要がある.

8.1.3　入力と出力の関係

（1）因子と特性

　シミュレーションでは，図 8.1.2 に示したように入力情報には多数の項目があり，それぞれの項目は設定された値によってシミュレーションの挙動が変わり，出力情報である結果が変化する．この入力変数を因子（要因）といい，各入力変数のとる値を水準という．このときの出力結果を特性（応答）という（図 8.1.3）．

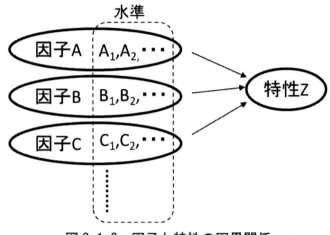

図 8.1.3　因子と特性の因果関係

（2）因子と特性の例

　図 8.1.2 の複数の設備とバッファから構成される多工程の生産システムシミュレーションを例に考えると，表 8.1.1 に示すように因子は，設備の処理時間やバッファサイズなどに対応する．バッファサイズを因子とすると水準は具体的なバッファの大きさとなる．

表 8.1.1　生産システムシミュレーションにおける因子と水準の例

因子	水準
設備Aの処理時間	CT_A=60sec, 65sec, 70sec
設備Bの処理時間	CT_B=60sec, 65sec, 70sec
バッファAのバッファサイズ	BS_A=0, 1, 3, 5
バッファBのバッファサイズ	BS_B=0, 1, 3, 5

8.1.4　前提条件

（1）シミュレーションにおける前提条件

　科学的検証であるシミュレーションを用いた実験は，検証のために行った実験が，同一の実験条件が整った別の機会でも再現でき検証できる再現性が重要となる．このため，実験を行った条件を明確化し記録しておく必要がある．

　最適解あるいは優良な解を求めるため，シミュレーションの入力情報である因子と

水準の組み合わせの多くの入力パターンのデータを試行錯誤しながらシミュレーションを行う．しかし，シミュレーションの実行が膨大になり時間と手間暇がかかる．そのため，現実には，入力パターンを減らして，有益である程度良い解である近似解を求める．入力のデータパターンは，シミュレーションから求まる結果の質を許容できる範囲で保証し，事前に想定されかつシミュレーション実施可能な範囲を限定・選別する必要がある．

（2）因子と水準の設定

　因子の各水準は，無限に設定が可能であり，前項であげた表 8.1.1 の例では，バッファサイズは，バッファを用意しないサイズ 0 から無限に設定ができる．しかし，現実には，バッファはものを置くエリアであり場所の制約がある．また，水準が無限あるいは現実に即さない大きな数である場合，1 つの因子が 2 水準で 2 因子がある場合は 4 通りとなるが，これが 4 水準なら 16 通りとなり因子数，水準数が増えると実験を行うパターンが増大していかにコンピュータの計算速度が高速化されても実施困難となる．

　そこで，シミュレーションを行う際，因子と水準の間隔（ピッチ）を適切に決める必要がある．シミュレーションシステムの機能はさまざまな入力情報を設定可能であるが，入力情報である因子は，シミュレーション検証の目的に沿っているのか，あるいはシミュレーションモデルの対象と因子が適切かなどを決め設定する必要がある．

（3）水準の間隔

　水準は範囲を設定し，水準の個数も絞る必要がある．しかし，バッファサイズをバッファ無しである 0 から最大 10 までの範囲とした場合，水準の間隔を 5 単位とすると 0，5，10 の 3 通りとなるが，最適なバッファサイズが実施していない水準にある場合は最適な解が得られない．そこで水準の間隔を 2 などの小さくする必要があるが，実験を行うパターンが増えるため，モデルの性質や解に求められる水準により間隔をどのくらいにするか決める必要がる．

（4）解の探索

　水準の決定は，シミュレーションの結果により動的に決定していく方法がある．例えば，バッファサイズを 0，10，20，30 の 4 通りで実施し，バッファサイズが 20 の時に一番結果が良かったとする．この場合，バッファサイズ 20 を中心に良い解が存在する可能性があるので，次にバッファサイズを 15，25 で実施し，バッファサイズが 15 の時が一番良い解であった場合，バッファサイズ 15 から 20 の間に良い解が存在する可能性があると考えられる．このように，解を含む区間の中間点を求めながら繰り返し探索していく方法を二分法という．この他，組み合わせにおける探索の方法は多くの存在し，問題の性質や規模などにより適切に用いることにより少ない実施回数でより良い解が求められる．

8.1.5　シミュレーション実行

シミュレーションの実行方法として，最初に手作業等で変数など入力情報を設定してからシミュレーションを実行し，得られた出力結果から再度変数を調整して繰り返し実行する方法を逐次処理という．この実行方法は，シミュレーション実行結果を確認して次に実行するための変数を決定しシミュレーションソフトウェアに設定する必要があり煩雑である．

このような問題に対して，予め複数パターンの入力情報である変数等を設定することにより自動で複数回連続して実行する支援のための機能がシミュレーションソフトウェアに付属していることが多い．このような処理をバッチ処理という．バッチ処理は，一度シミュレーション実行の設定をすれば，どのデータをどの順番で実施するかを定義する実行計画に基づきすべて自動時実行される．この場合，途中でシミュレーションの実行結果を確認して入力情報を変更することが難しく，無駄に計算を行う可能性があるデメリットがある．

現在のシミュレーションソフトウェアは，実行結果として数値データが得られるが，その他，モデルの振る舞いを視覚的に把握できるアニメーション映像も提供される．シミュレーション実行時には，これら情報も確認しながら実施することが望ましい．

8．2　データ解析 [3)4)]

8.2.1　データ解析

8.1 節で示した対象システムの調査分析からシミュレーション実施を経て，シミュレーション結果が出力される．各因子の水準が異なる複数の結果が得られるが，結果を分析し解釈し評価する必要がある．解釈の方法として様々な方法があるが，本節では，得られたデータから因子と交互作用（二元配置分散分析で述べる）の効果を検証する統計手法として，一元配置分散分析と二次元配置分散分析を紹介する．

8.2.2　一元配置分散分析
（1）一元配置分散分析とは

因子が１つで，水準が複数あるシミュレーション結果を解析する際，一元配置分散分析（One-way Analysis Of Variance）を用いて因子の効果について分析ができる．

ここで，表 8.2.1 に示すような因子が１つの実験を考える．水準A_jは，$j = 1,2,\cdots,m$ の m 種類ある．また，A_jにおける実験回数はn_j回とする．

すべての実験回数は，$N = n_1 + n_2 + \cdots + n_m$とする．第$j$番目の水準の第$i$番目の実験の観測値を$y_{ij}(j = 1,2,\cdots,m; i = 1,2,\cdots,n)$とすると，すべての観測値の平均は，

表 8.2.1　実験結果

水準	A_1	A_2	$\cdots$	A_m
1	y_{11}	y_{12}	$\cdots$	y_{1m}
2	y_{21}	y_{22}	$\cdots$	y_{2m}
$\cdots$	$\cdots$	$\cdots$	$\cdots$	$\cdots$
n_j	y_{n_j1}	y_{n_j2}	$\cdots$	y_{n_jm}

$$\bar{y} = \frac{1}{N}\sum_{j=1}^{m}\sum_{i=1}^{n_j} y_{ij} \qquad (8.1)$$

となり，各群（水準）の平均は，

$$\bar{y}_J = \frac{1}{n_j}\sum_{i=1}^{n_j} y_{ij} \quad (j = 1, \ldots, m) \qquad (8.2)$$

となる．

　一元配置分散分析では，統計的仮説検定により平均の差の検定を行う．
　ここでは，

　　　　帰無仮説H_0は「各水準の平均値に差があるとはいえない」

　　　　対立仮設H_1は「各水準の平均値に差がある」

と仮説を立てて検証する．

　まず検定統計量を算出する．

　因子 A の平方和 ＝ 因子 A の効果の総量を表す．

$$S_A = \sum_{j=1}^{m} n_j\left(\bar{y}_J - \bar{y}\right)^2 \qquad (8.3)$$

　誤差の平方和 ＝ 残差部分の総量を表す．

$$S_E = \sum_{j=1}^{m}\sum_{i=1}^{n_i}\left(y_{ij} - \bar{y}_j\right)^2 \qquad (8.4)$$

　要因の不偏分散は，

$$V_A = S_A/(m-1) \qquad (8.5)$$

　誤差の不偏分散は，

$$V_E = S_E/(N-m) \qquad (8.6)$$

となる．

　このとき，全体の平方和S_Tは，

$$S_T = S_A + S_E \qquad (8.7)$$

である．

　検定統計量の F 値は，

$$F_A = V_A/V_E \qquad (8.8)$$

となり，これらを分散分析表にまとめると，表8.2.2となる．

　検定統計量F_Aを，自由度$(m-1, N-m)$のF分布を使って検定する．検定にあたっては，有意水準αとし，F分布表を用いてP値を求める．P値とは統計的仮説検定において，帰無仮説において検定統計量がその値となる確率を示す．なお，P値は，Microsoft Excel のF.DIST.RT関数を使うと簡便に算出できる．

$$P = F.DIST.RT\,(F_A, m-1, N-m) \qquad (8.9)$$

　$P < \alpha$のとき，帰無仮説H_0を棄却する．つまり，各水準の平均値に差がある．$P \geq \alpha$のとき，帰無仮説H_0を採択する．つまり，各水準の平均値に差があるとはいえない．

（2）一元配置分散分析の実践

　ある生産ラインにおけるマシーンの処理時間をA_1からA_4の 4 つのパターンを設定し，4回繰り返し実験を行い，単位時間当たりの生産量がどのように影響するかを生産システムシミュレーションにより検証した．

　実験結果は表8.2.3のように示された．有意水準$\alpha = 0.05$とするとして検定を行う．

　実験によるデータ数は $N = 16$であり，全平均は，

$$\bar{y} = (31.2 + 32.8 + 33.7 + 32.8 + 35.2 + 37.1 + 37.2 + 38.2 + 39.2 + 38.5 + 41.4$$
$$+ 37.1 + 42.1 + 43.5 + 41.2 + 45.7)/16 = 37.93$$

各群の平均は，

A_1の平均　$\overline{y_1} = (31.2 + 32.8 + 33.7 + 32.8)/4 = 32.63$

A_2の平均　$\overline{y_2} = (35.2 + 37.1 + 37.2 + 38.2)/4 = 36.93$

A_3の平均　$\overline{y_3} = (39.2 + 38.5 + 41.4 + 37.1)/4 = 39.05$

A_4の平均　$\overline{y_4} = (42.1 + 43.5 + 41.2 + 45.7)/4 = 43.13$

となる．

表 8.2.2　一元配置分散分析表

要因	平方和	自由度	平均平方	F値
級間 A	S_A	$m-1$	$V_A = S_A/(m-1)$	$F_A = V_A/V_E$
誤差 E	S_E	$N-m$	$V_E = S_E/(N-m)$	
全体 T	S_T	$N-1$		

表 8.2.3　処理時間の違いによるシミュレーション実験結果

処理時間	A_1	A_2	A_3	A_4
1	31.2	35.2	39.2	42.1
2	32.8	37.1	38.5	43.5
3	33.7	37.2	41.4	41.2
4	32.8	38.2	37.1	45.7

よって，級間の平方和S_Aは，

$$S_A = 4(32.63 - 37.93)^2 + 4(36.93 - 37.93)^2 + 4(39.05 - 37.93)^2 + 4(43.13 - 37.93)^2$$
$$= 229.582$$

であり，誤差の平方和S_Eは，

$$S_E = (31.2 - 32.63)^2 + (32.8 - 32.63)^2 + \cdots + (41.2 - 43.13)^2 + (45.7 - 43.13)^2$$
$$= 29.133$$

となり，さらに，全平方和S_Tは，

$$S_T = S_A + S_E = 258.714$$

となる．これらを分散分析表にまとめると表8.2.4となる．

検定統計量のF値は，

$$F_A = (229.582/3)/(29.133/12) = 31.52244$$
$$P = F.DIST.RT (31.52244, 3, 12) = 5.68258 * 10^{-6}$$

よって，$P < \alpha$より帰無仮説H_0は棄却され，対立仮説H_1が採択され，マシーンの処理時間によって，単位時間当たりの生産量に差があると解釈される．

8.2.3　二元配置分散分析

（1）二元配置分散分析とは

水準aと水準bをもつ異なる因子がA，Bの2つがあり，シミュレーション結果を解析する際，二元配置分散分析(Two-way Analysis Of Variance)を用いて因子の効果について分析ができる．

水準A_iは，$i = 1,2,\dots a$のa種類ある．水準B_jは，$j = 1,2,\dots b$のb種類ある．また，因子A，Bの水準の組み合わせ(A_i, B_j)において実験回数はn_{ij}回とする．すべての水準の組み合わせで同じ実験回数n回を実施するとき，総実験回数は$N = abn$となる．

因子A，Bはともに水準が3種類あり，2回の実験を行う．因子A，Bの水準の組み合わせ(A_i, B_j)における第k番目のデータをX_{ijk}とした場合を表8.2.5に示す．

表8.2.4　本事例の一元配置分散分析表

要因	平方和	自由度	平均平方	F値
級間 A	229.582	3	76.527	31.52244
誤差 E	29.133	12	2.428	
全体 T	258.714	15		

表8.2.5　2因子3水準・実験2回の場合の実験データ

因子	A_1	A_2	A_3
B_1	X_{111}, X_{112}	X_{211}, X_{212}	X_{311}, X_{312}
B_2	X_{121}, X_{122}	X_{221}, X_{222}	X_{321}, X_{322}
B_3	X_{131}, X_{132}	X_{231}, X_{232}	X_{331}, X_{332}

全体の平方和は，

$$S_T = \sum_{i=1}^{a} \sum_{j=1}^{b} \sum_{k=1}^{n} (\bar{x}_{ijk} - \bar{x}_{...})^2 \qquad (8.10)$$

である．また，因子Aの平方和は，

$$S_A = jk \sum_{i=1}^{a} \sum_{j=1}^{b} \sum_{k=1}^{n} (\bar{x}_{i..} - \bar{x}_{...})^2 \qquad (8.11)$$

である．因子Bの平方和は，

$$S_B = ik \sum_{i=1}^{a} \sum_{j=1}^{b} \sum_{k=1}^{n} (\bar{x}_{.j.} - \bar{x}_{...})^2 \qquad (8.12)$$

である．因子A　と因子Bの平方和は，

$$S_{AB} = k \sum_{i=1}^{a} \sum_{j=1}^{b} \sum_{k=1}^{n} (\bar{x}_{ij.} - \bar{x}_{...})^2 \qquad (8.13)$$

である．交互作用$A \times B$は，

$$S_{A \times B} = S_{AB} - S_A - S_B \qquad (8.14)$$

である．誤差は，

$$S_E = S_T - S_A - S_B - S_{A \times B} \qquad (8.15)$$

となる．

検定統計量の因子Aの F 値は，

$$F_A = V_A / V_E \qquad (8.16)$$

となり，因子Bの F 値は，

$$F_B = V_B / V_E \qquad (8.17)$$

となり，これらを分散分析表にまとめると表 8.2.6 となる．

因子が 2 つ以上ある場合，各因子の単独での効果である主効果だけでなく，要因が相互に生じる効果である交互作用を見る必要がある．
因子A　，Bおよび交互作用について検定統計量F_A, F_B, $F_{A \times B}$を，それぞれ自由度$(a - 1, ab(n-1))$, $(b - 1, ab(n-1))$および$((a - 1)(b - 1), ab(n - 1))$の F 分布を使っ

表 8.2.6　二元配置分散分析表

要因	平方和	自由度	平均平方	F値
因子 A	S_A	$a - 1$	$V_A = S_A/(a-1)$	$F_A = V_A/V_E$
因子 B	S_B	$b - 1$	$V_B = S_B/(b-1)$	$F_B = V_B/V_E$
交互作用$A \times B$	$S_{A \times B}$	$(a-1)(b-1)$	$V_{A \times B} = S_{A \times B}/(a-1)(b-1)$	$F_{A \times B} = V_{A \times B}/V_E$
誤差 E	S_E	$ab(n-1)$	$V_E = S_E/ab(n-1)$	
全体 T	S_T	$abn - 1$		

て検定する．検定にあたっては，有意水準αとし，F 分布表を用いてそれぞれの P 値を求める．なお，P 値は，Microsoft Excel の F.DIST.RT 関数を使うと簡便に算出できる．

$$P_A = F.DIST.RT\ (F_A, a - 1, ab(n - 1)) \tag{8.18}$$

$$P_B = F.DIST.RT\ (F_B, b - 1, ab(n - 1)) \tag{8.19}$$

$$P_{A \times B} = F.DIST.RT\ (F_{A \times B}, (a - 1)(b - 1), ab(n - 1)) \tag{8.20}$$

因子A，Bにおいて，
　　帰無仮説H_0は「各因子の水準間で平均値に差があるとはいえない」
　　　　　　　　　（各因子の主効果があるとはいえない）
　　対立仮説H_1は「各因子の水準間で平均値に差がある」
　　　　　　　　　（各因子の主効果はある）
交互作用$A \times B$において，
　　帰無仮説H_0は「各因子における影響があるとはいえない」
　　　　　　　　　　（因子Aと因子Bの交互作用の効果があるとはいえない）
　　対立仮説H_1は「各因子における影響がある」
　　　　　　　　　　（因子Aと因子Bの交互作業の効果がある）

　因子A，Bにおいて，$P < \alpha$の場合，帰無仮説H_0は棄却され，対立仮説H_1が採択され，各因子の水準で平均値に差があるとなる．また，$P > \alpha$の場合，各水準の平均値に差がないと解釈できる．

　同様に，2 つの因子に交互作用は，$P < \alpha$の場合，帰無仮説H_0は棄却され，対立仮説が採択され，交互作用である各因子における影響があると解釈される．この場合，下位検定として，因子の水準毎にもう一方の因子の効果を検定する単純主効果検定を行う必要がある．また，$P > \alpha$の場合，交互作用である各因子における影響がないと解釈できる．

（2）二元配置分散分析の実践

　ある生産ラインにおけるマシーンの処理時間をA_1からA_3の 3 つのパターンとバッファの容量をB_1からB_3の 3 パターンを設定し，2 回繰り返し実験を行い，単位時間当たりの生産量がどのように影響するかを生産システムシミュレーションにより検証した．

　実験結果は表8.2.7のように示された．有意水準$\alpha = 0.05$とするとして検定を行う．

　（8.11）式より，因子Aの平方和は$S_A = 7526.33$であり，（8.16）式より，

$$F_A = (7526.3/2)/2.44 = 1539.48$$

となる．ここで Excel の F.DIST.RT 関数を用いると，

表 8.2.7　2 因子 3 水準・実験 2 回の場合の実験データ

因子	B_1	B_2	B_3
A_1	210, 212	208, 207	211, 209
A_2	241, 243	239, 242	242, 243
A_3	261, 257	259, 258	260, 258

$$P_A = F.DIST.RT(1539.48, 2, 9) = 3.896 * 10^{-12}$$

となり P 値がもとまる.

　よって，帰無仮説が棄却されマシーンの処理時間の水準によって差があるといえる.

　また，（8.12）式より因子 B の平方和は $S_B = 12.33$ であり，（8.17）式より，

$$F_B = (12.33/2)/2.44 = 2.522$$

となり，下記の通り P 値が求まる.

$$P_B = F.DIST.RT(2.52, 2, 9) = 0.135188$$

　よって，帰無仮説が採択され，バッファの容量により差があるとはいえない.

　交互作用に関しては，（8.15）式より，交互作用 $A \times B$ の平方和 $S_{A \times B}$ と，因子 A の平方和 S_A，因子 B の平方和 S_B より，

$S_{A \times B} = 5.333$ となり，

$F_{A \times B} = (5.333/(3-1)(3-1))/(2.44) = 0.545$

$$P_{A \times B} = F.DIST.RT(0.545, 4, 9) = 0.707414$$

　よって，帰無仮説が採択され，交互作用があるとはいえないといえる.

　この結果を表 8.2.8 の二元配置分散分析表に示す.

表 8.2.8　二元配置分散分析表

要因	平方和	自由度	平均平方	F 値
因子 A	7526.33	2	3763.167	1539.477
因子 B	12.33	2	6.167	2.523
交互作用 $A \times B$	5.333	4	1.333	0.545
誤差 E	22	9	2.444	
全体 T	7566	17		

参考文献

　中西俊男：「シミュレーション」コロナ社,pp.1-39,1994 年

2)　平川保博：「オペレーションズ・マネジメント—ハイブリッド生産管理への誘い」，森北出版，p.58，pp.106-111,2000 年

3)　岩崎学：「統計的データ解析入門　実験計画法」,東京図書,pp.1-58,2006 年

4)　安藤貞一,田坂誠男：「実験計画法入門」,日科技連,pp.1-23，pp.39-73,1986 年

第9章　実験結果の解析

　本章の目的は，シミュレーションによる実験結果の解析について理解することである．

　そこで本章では，最初に，解析手法の考え方を示す（9．1）．次に，厳密解法と近似解法の事例を示す（9．2，9．3）．

9．1　解析手法の考え方

9.1.1　解析の必要性

　一般に，シミュレーションは，各種の条件を設定した上で，実行する．例えば，生産システムのシミュレーションでは，機械の性能や配置，在庫場所の容量などの条件を与え，与えられた条件の下で実行する．

　しかし，シミュレーションの結果（リードタイムや総生産時間，機械稼働率）は，当然のことながら，与えられた条件に依存したものであり，評価指標（例えば，リードタイム）が最良となる条件を求める必要がある．

　そのため，シミュレーションの結果をもとに，評価指標が最良となる条件を解析する必要がある．

9.1.2　最適化

　最適化（Optimization）とは，所与の制約条件を満たす実行可能解の中から，目的関数を最大化もしくは最小化するような決定変数の組合せを求めることである．すなわち，シミュレーションに与える条件のうち，変えられない条件を制約条件，変えられる条件を決定変数，評価指標を目的関数と考えることができる．

　最適化の手法には，厳密解法と近似解法がある．厳密解法（Exact Algorithm）とは，所与の問題に対して常に最適解が得られる手法であり，一般的には計算時間が長く，大規模問題への適用が困難なことが多い．代表的な厳密解法に，総列挙法，分枝限定法がある．近似解法（Approximation Algorithm）とは，必ずしも最適解が得られるとは限らないが，最適解に近い解（近似解）が得られる手法である．代表的な近似解法に，模擬焼鈍し法（SA：Simulated Annealing），遺伝的アルゴリズム（GA：Genetic Algorithm），タブー探索法（TS：Tabu Search）がある．SA，GA，TSなどはメタヒューリスティクスと呼ばれ，スケジューリング，ロジスティクス，工場レイアウト設計など，様々な大規模問題に適用されている．ここでは紙幅の都合上，説明を省略するが，興味のある読者は参考文献1)を参照していただきたい．

9.1.3　最適化問題とシミュレーション

　最適化問題の中には，線形計画問題や整数計画問題のように，決定変数の組合せを決めると目的関数の値が一意に定まる場合がある．しかし，問題の一部に確率変数を含む場合は，決定変数の組合せに対して目的関数の値を一意に定めることはできない．例えば，加工時間が確率変数で各工程における在庫量を決定変数として考える場合，ある在庫量に対する評価値（例えば，平均リードタイム）を一意に定めることができない．

　評価値を一意に定めることができない場合，シミュレーションを行うことにより，システムの性能指標を調べる．つまり，シミュレーションによって，解の評価値（目的関数の値）を探索することとなる．

　本節では，シミュレーションの利用による最適化の事例を2つ挙げる．1つは小規模な問題で総列挙することにより最適解を求める．もう1つは大規模な問題で近似解法の適用例を示す．

９．２　厳密解法による最適化の事例

9.2.1　事例の概要

　図9.1.1の直列型生産システムを用いて，最適化の一例を示す．

　まず，バッファ1の容量を1，バッファ3の容量を2に固定し，バッファ2の容量を1〜10まで変化させて，シミュレーションを実行した．このとき，総生産時間（すべての製品を生産するためにかかる時間）と平均リードタイム（1つの製品の完成にかかる時間の平均）は，表9.1.1と図9.1.2のようになった．

　図9.1.2からわかるように，バッファ2の容量を増加させていくと，総生産時間は短くなっていくが，平均リードタイムは長くなっていく．

　もし，総生産時間と平均リードタイムの両者を最小化したいのであれば，バッファ2の容量はどの程度に設定したらよいのであろうか？さらに，バッファ1と3の容量を変動させた場合はどのようになるのであろうか？このようなときに最適化問題を解くことになる．

図 9.1.1　直列工程型の生産ライン

9.2.2　定式化

　ここでは，問題を簡単にするために，次のように定式化する．

　　　目的関数：Minimize Z=A×総生産時間＋B×平均リードタイム

　　　決定変数：バッファ1の容量，バッファ2の容量，バッファ3の容量

　　　　　　　　ただし，各バッファの容量は1〜10の整数値とする．

表 9.1.1　バッファの変化と総生産時間の関係

バッファ1	バッファ2	バッファ3	総生産時間 （分）	平均リードタイム （分）
1	1	2	11220.39	40.28
1	2	2	10723.78	43.76
1	3	2	10461.80	47.26
1	4	2	10317.92	49.31
1	5	2	10229.56	51.42
1	6	2	10171.13	53.15
1	7	2	10133.40	53.83
1	8	2	10105.84	55.46
1	9	2	10083.98	57.80
1	10	2	10064.61	58.51

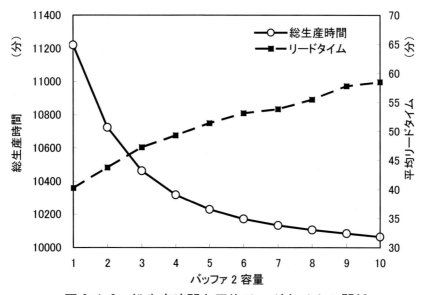

図 9.1.2　総生産時間と平均リードタイムの関係

　ここで A と B は定数とする．決定変数の組合せ数は，1,000 通り（＝10×10×10）である．

9.2.3　解法

　解法は総列挙法を用いる．総列挙法は厳密解法の 1 つであり，すべての決定変数の組合せについて目的関数を求め，その中で目的関数が最適（最小または最大）となる決定変数の組合せを求める手法である．

　本事例では，目的関数で用いる A と B の値によって，解が異なる．A を大きくするほど総生産時間の最小化が優先され，B を大きくするほど平均リードタイムの最小化が優先される．

　ここでは，ケース 1（A=1，B=1），ケース 2（A=1，B=200）の 2 ケースについて考える．

9.2.4　実験結果

（1）ケース 1（A=1，B=1）

　すべての決定変数の組合せでシミュレーションを実行し，目的関数値が上位 10 位となる解を表 9.1.2 に示した．また，すべての目的関数値を昇順にソートした結果を図 9.1.3 に示した．

　目的関数値の上位 10 位をみると，バッファ 1 の容量は 1〜2，バッファ 2 の容量はすべて 10，バッファ 3 の容量は 2〜10 であった．このことから，バッファ 2 の容量が目的関数値に大きく影響を与えることがわかる．すなわち，バッファ 2 の容量が少ない場合，マシン 2 で待ちが発生することが想定される．

　また，目的関数値の上位 7 件をみると，バッファ 1 の容量はすべて 1，バッファ 2 の容量はすべて 10，バッファ 3 の容量は 4〜10 であり，目的関数値はすべて 10127.52 であった．このことから，バッファ 3 の容量は 4 より大きくしても，目的関数値に影響を与えないことがわかる．

表 9.1.2　ケース 1 の実行結果（A=1，B=1．目的関数が上位 10 位）

バッファ1	バッファ2	バッファ3	総生産時間（分）	平均リードタイム（分）	目的関数値
1	10	4	10072.93	54.60	10127.52
1	10	5	10072.93	54.60	10127.52
1	10	6	10072.93	54.60	10127.52
1	10	7	10072.93	54.60	10127.52
1	10	8	10072.93	54.60	10127.52
1	10	9	10072.93	54.60	10127.52
1	10	10	10072.93	54.60	10127.52
1	10	3	10072.93	54.64	10127.57
1	10	2	10077.67	51.26	10128.93
2	10	4	10072.93	63.20	10136.12

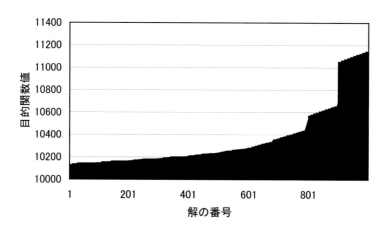

図 9.1.3　ケース 1 の目的関数値（A=1，B=1）

（2）ケース 2（A=1，B=200）

　すべての決定変数の組合せでシミュレーションを実行し，目的関数値が上位 10 位

となる解を表9.1.3に示した．また，すべての目的関数値を昇順にソートした結果を図9.1.4に示した．

　目的関数値の上位10位をみると，バッファ1の容量とバッファ2の容量はすべて1，バッファ3の容量は1〜10であり，目的関数値はすべて1であった．このことから，バッファ1の容量とバッファ2の容量がともに1のとき，バッファ3の容量は目的関数値に影響を与えないことがわかる．

表9.1.3　ケース2の実行結果（A=1，B=200．目的関数が上位10位）

バッファ1	バッファ2	バッファ3	総生産時間（分）	平均リードタイム（分）	目的関数値
1	1	1	11025.84	48.92	20810.72
1	1	2	11025.84	48.92	20810.72
1	1	3	11025.84	48.92	20810.72
1	1	4	11025.84	48.92	20810.72
1	1	5	11025.84	48.92	20810.72
1	1	6	11025.84	48.92	20810.72
1	1	7	11025.84	48.92	20810.72
1	1	8	11025.84	48.92	20810.72
1	1	9	11025.84	48.92	20810.72
1	1	10	11025.84	48.92	20810.72

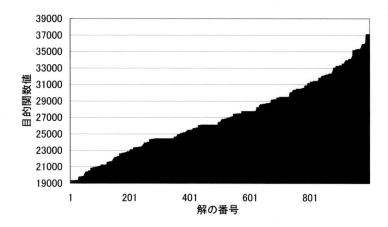

図9.1.4　ケース2の目的関数値（A=1，B=200）

（3）考察

　以上の結果，ケース1とケース2では目的関数の重み（AとB）が異なることから，目的関数値を最小とするバッファの容量が異なることがわかる．

　ケース1（A=1，B=1）では，ボトルネックとなる工程（マシン2）の前のバッファ2の容量を上限まで増やし，ブロッキング（次工程のバッファ（バッファ2）が空いていないため当該マシン（マシン1）での加工が開始できない状態）やスタービング（部品が供給されないため，当該マシン（マシン2）で加工できない状態）を減少させる解が選択されていると考えられる．

　ケース2（A=1，B=200）では，ケース1に比べて平均リードタイムが重視される

ため，ボトルネック工程（マシン 2）の前のバッファ 2 の容量が少なく設定されている．これはマシン 2 で加工を待つ時間が長くなることで，リードタイムが増加することを防ぐためであると考えられる．

　なお，ケース 1 とケース 2 のいずれにおいても，最適値と最悪値でかなり大きな開きがあることから，バッファの容量の最適化の意義は大きいと考えられる．

9．3　近似解法による最適化の事例

9.3.1　事例の概要
（1）はじめに
　ここでは，生産効率（スループット）を最大化するようなレイアウトを求める問題を用いて，最適化の一例を示す．

　生産システムにおける生産効率低下への対処方法の 1 つとして，各機械の前に「在庫（バッファ）スペース」を設置する方法がある．これは，生産効率の低下が工程内での各種のばらつき（機械の加工時間，作業員の熟練度など）に起因することがあり，在庫スペースがあることでばらつきを調整できるためである．

　ただし，現実には，空間や経費の制約などから，在庫スペースを無限に設置することはできない．そのため，在庫スペースの総容量が上限として与えられた上で，生産効率を最大化するように，各在庫スペースの容量を求める必要がある．このような問題は「在庫スペース容量配分問題」と呼ばれ，レイアウト問題とは独立に古くから盛んに研究されている．

（2）在庫スペース容量配分問題の例
　加工機械が 5 つ（①～⑤），在庫スペースの総容量が 3 箇所の場合の在庫スペース容量問題を考える．図 9.1.5 は，機械②の前に容量 1，機械⑤の前に容量 2 の在庫スペースを配分した例である．

　一般に，加工時間にばらつきのある機械や，ボトルネックとなる機械の前後に在庫スペースを配分することで生産効率が向上する．特に大きい部品を扱う工場で，在庫スペースの物理的サイズが職場自体の大きさに対して無視できない場合，在庫スペースの配分が職場の面積（機械＋在庫スペース）や職場間距離を増大させ，生産効率に影響を及ぼす．図 9.1.6 は，図 9.1.5 で示した在庫スペースの配分に基づき，在庫スペースをレイアウトした例である．

（3）システムの概要
　M 台の機械からなるジョブショップ型の生産システムを考える．ジョブショップとは，同一の機能や性能をもつ機械をグルーピングした職場のことである．

　加工機械 i とその在庫スペースを合わせ，職場 i とする．原材料または注文は外部からある職場（「入力職場」と呼ぶ）に到着し，製品毎に定まった順番でいくつかの機

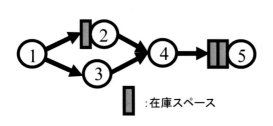

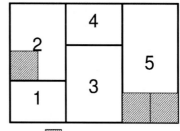

:在庫スペース

図9.1.5　在庫スペースの配分例　　図9.1.6　在庫スペースのレイアウトの例

械で加工され，完成品となってある職場（「出力職場」と呼ぶ）からシステムの外部へ退去する．

各職場での加工時間は，既知の確率分布に従い部品毎に変動する．職場間の部品の搬送は搬送車で行われ，各職場の搬出入口（I/O ポイント）間の直線距離に比例した時間を要することとする．M台の機械の配置を表すベクトルをL，機械iの前に設けられた在庫スペース容量をB_iとし，在庫スペース容量ベクトルを$B = (B_1, B_2, \cdots, B_M)$とする．ここで，在庫スペース容量は，在庫できる部品の個数とする．

在庫スペースの面積が大きく無視できない場合，職場の面積は機械が必要とする面積に在庫スペースの面積を加えたものとなる．従って，職場iと職場jの間の距離は$d_{ij}(L, B)$のようにLとBの関数となる．

9.3.2　定式化
（1）定式化

目的関数を生産効率（スループット）$TH(L, B)$とし，在庫スペースの総容量B_{total}，職場配置の実行可能解集合Ψ が与えられたとき，在庫スペース容量配分問題は，次式のように定式化できる．

目的関数：　maximize $TH(L, B)$
制約条件：　$L = \Psi$

$$\sum_{i=1}^{M} B_i = B_{total}$$

$\cdots\cdots\cdots\cdots\cdots$ (5.9)

$$B_i \in \{0, 1, 2, \cdots\}$$

（2）簡単な例題

職場が 7 つのジョブショップ型の生産システムを考える．製品は 6 種類（A～F）とし，各製品の加工経路を表 9.1.4 のように設定する．なお，簡単化のため，各職場での加工は製品名順（アルファベット順）に行われることとし，各製品の生産量の比（生産割合）は全て 1 とした．

この例は，需要変動や機械の故障によるシステムの停止は考慮せず，確率的に変動する要素は加工時間のみを考慮する．具体的には，職場 i における j 番目の部品の加工時間 S_{ij} は，既知の分布に従う確率変数とする．簡単化のために，全て平均1の指数分布に従うものとしたが，解法上は任意の分布でかまわない．各職場間には速度2の搬送車が1台ずつ存在することとする．

職場 i における j 番目の部品の加工完了時刻 $D_{ij}(L,B)$ は，L と B をパラメータとする確率変数となり，その分布を知ることは困難である．しかし，加工時間 S_{ij} が所与のときの $D_{ij}(L,B)$ の実現値は，シミュレーションにより求めることができる．このとき，生産効率（スループット）$TH(L,B)$ は，最終工程の職場での加工完了時刻を用いて次式のように表せる．

$$TH(L,B) = \lim_{j \to \infty} \frac{j}{D_{Mj}(L,B)} \quad \cdots \cdots \quad (5.10)$$

生産効率（スループット）$TH(L,B)$ の厳密な値を求めることは困難であるため，以降では，この極限を十分大きい j の値 N で打ち切ることにより，近似値を求める．

表 9.1.4　各製品の加工経路

製品	加工経路	生産割合
A	1-2-5-7	1
B	1-2-4-5-7	1
C	1-2-4-6-7	1
D	1-3-4-5-7	1
E	1-3-4-6-7	1
F	1-3-6-7	1

9.3.3　解法

この問題は大規模な最適化問題となるため，厳密解法の適用が困難である．そこで，代表的な近似解法である遺伝的アルゴリズム（GA：Genetic Algorithm）を用いた．

職場配置の表現は，FBS（Flexible Bay Structure）を用いる．FBS とは，建屋全体をいくつかの列に区切り，それぞれの列へ職場を配置するレイアウトの表現方法である[2]．FBS では，職場の並び順を示す「Sequence」と，その Sequence を区切る「Break Point」で構成される．Break Point で区切れた職場の集合を「Bay」と呼ぶ．前提条件として，職場面積は所与とする．

図 9.1.7 は，FBS の一例である．この例では，6 つの職場（1〜6）が 3 つの Bay，すなわち Bay1＝｛職場 4，職場 3｝，Bay2＝｛職場 5｝，Bay3＝｛職場 2，職場 6，職場 1｝に配置されている．職場の並び順（Sequence）は，建屋の左下から上に向かって順番に職場を配置していくため，｛4-3-5-2-6-1｝となる．また，Sequence の区切り（Break Point）は，｛2,3｝となる．すなわち，Sequence の 2 番目と 3 番目の職場，すなわち職場 3 の後と，職場 5 の後が Break Point であり，Break Point で次の新たな Bay を作成する．このようにレイアウトを表現するように決めれば，レイアウトを

Sequence と Break Points という単なる数字の並び順だけで表現することが可能になり，最適化プログラムのコーディングが容易になる．

　GA における遺伝子表現は，FBS による職場配置表現 L と在庫スペース容量配分ベクトル B を単純に並べたものを採用する．交叉は PMX（Partially Matched Crossover），突然変異はランダムに2つ職場を選択して交換する方法とした．

　最適化の流れは，図 9.1.8 のとおりである．

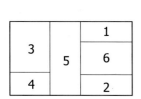

Sequence={4-3-5-2-6-1}
Break Points={2,3}

図 9.1.7　FBS の例

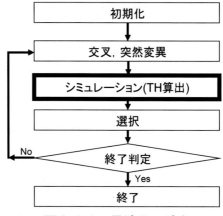

図 9.1.8　最適化の流れ

9.3.4　実験結果

　ここでは，在庫スペースの総容量B_{total}が 1 の場合と 3 の場合の問題を解き，それぞれの最良解を図 9.1.9 と図 9.1.10 に示した．図中の灰色の範囲は在庫スペース，黒丸（●）は各職場の I/O ポイントを表す．

　生産効率（スループット）TH は，20 回のシミュレーション結果に基づき，t 分布による信頼率 95％の信頼区間で求めた．

　実験の結果，在庫スペースの総容量が 1 のとき（$B_{total} = 1$），生産効率（スループット）TH は 0.5750±0.0005 となった．また，在庫スペースの総容量が 3 のとき（$B_{total} = 3$），生産効率（スループット）TH は 0.6204±0.0006 となった．すなわち，$B_{total} = 3$の方が，$B_{total} = 1$と比べて生産効率が良い．このことから，生産効率を向上させるためには，在庫スペースを多く配分し，加工時間のばらつきを吸収させることが望ましいと考えられる．

　ここで紹介した問題は，実行可能なレイアウト案や在庫スペースの配分案が多数存在するため，大規模組合せ最適化問題と呼ばれる．このような問題では，いくつかの代替案を予め列挙しておき，それらに対してシミュレーションを行い，評価指標値の優劣を比較する方法では，良い結果が得られない．このような問題に対しては，ここで紹介したように，与えられた問題に対する解表現を定め，それぞれの解に対する評価値をシミュレーションによって求め，評価値をもとにして最適化手法（GA など）により解の推移を繰返していく方法が有効である．

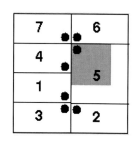

TH＝0.5750±0.0005

図 9.1.9　Btotal＝1 の解

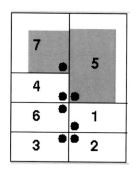

TH＝0.6204±0.0006

図 9.1.10　Btotal＝3 の解

参考文献

1) 柳浦睦憲，茨木俊秀：「組合せ最適化　―メタ戦略を中心として―」，朝倉書店，
　2001 年

2) Tate D.M. and Smith A.E., Unequal Facility Layout Using Genetic Search,
　IIE Trans., Vol.27, No.4, pp.465-472,(1995).

WITNESS と事例

第１０章　WITNESS の操作方法

　本章の目的は，WITNESS の基本的な機能と操作方法について説明することである．
　そこで本章では，WITNESS の基礎知識を紹介し（１０．１），WITNESS の基本操作（１０．２），代表的なエレメントの詳細設定（１０．３），エレメントの制御（１０．４），データの設定と出力方法（１０．５）を示す．
　なお，本書で使用する WITNESS のバージョンは，WITNESS 23 Horizon とする．

１０．１　WITNESS の基礎知識

10.1.1　WITNESS の概要

　WITNESS とは，イギリスの Lanner Group 社が開発している離散型シミュレーションソフトである．1986 年に最初のバージョンが開発されてから 2019 年現在に至るまで継続してバージョンアップが行われており，多彩な業務のシミュレーションに使用されている．

　本書では，WITNESS の 2020 年にリリースされたバージョン WITNESS 23 Horizon の操作方法を説明する．なお，WITNESS 22 Horizon 以前のバージョンでも操作方法は概ね同じであるが，2009 年にリリースされたバージョン WITNESS PwE 1.0 以降の機能に関しては，対応するバージョンを記載する（例えば，WITNESS PwE 1.0 で新たに追加された機能に関しては「WITNESS PwE 1.0 以降」と記載する．

10.1.2　WITNESS の動作環境

　WITNESS は，オペレーティングシステムが Microsoft Windows のコンピュータ上で動作する．Windows のバージョンや，ハードウェア環境（CPU，メモリなど）は，バージョンによって異なるため，詳しくは以下の Web サイトを参照されたい．

　　http://www.engineering-eye.com/witness/env.html

10.1.3　実行画面
（1）初期画面

　WITNESS を起動すると，ベースモデル（Startup.mod）が読み込まれ，初期画面が図 10.1.1 のように表示される．
　スタートページやデザイナーエレメント，ツールバーの表示/非表示を切り替えるにはメニューの[表示]の下のサブメニューを選択する．
　デザイナーエレメントやエレメントツリー等を移動するには，それらのタイトル部分をドラッグする．ドラッグ中に表示される 　　 や 　　 のようなアイコンの上に

マウスを移動してマウスのボタンを離すと，移動した部分がウィンドウにドッキングされる．

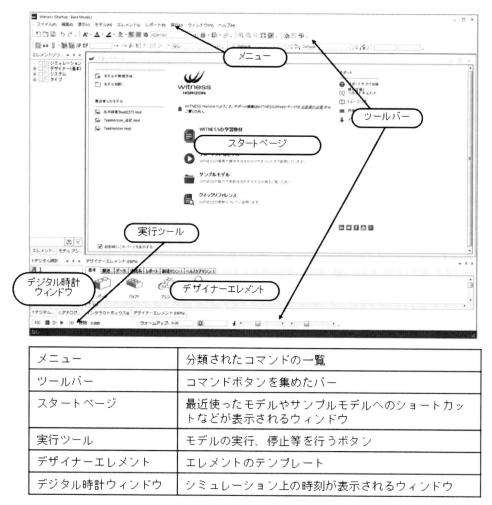

メニュー	分類されたコマンドの一覧
ツールバー	コマンドボタンを集めたバー
スタートページ	最近使ったモデルやサンプルモデルへのショートカットなどが表示されるウィンドウ
実行ツール	モデルの実行、停止等を行うボタン
デザイナーエレメント	エレメントのテンプレート
デジタル時計ウィンドウ	シミュレーション上の時刻が表示されるウィンドウ

図 10.1.1　初期画面

（2）シミュレーションウィンドウ

　スタートページを閉じるとシミュレーションウィンドウが表示される（図 10.1.2）．
　WITNESS におけるモデル作成は，メニューやエレメントツリーを用いて，シミュレーションウィンドウ上で行う．

10.1.4　モデルの構成

　WITNESS では，現実のシステムをコンピュータ上で表現し，シミュレーションを行うために，現実のシステムに含まれる設備や人，流れるモノをエレメントと呼ばれるもので置き換えて表現する．
　エレメントには，移動元や移動先を指定するルールや，アクションと呼ばれる命令

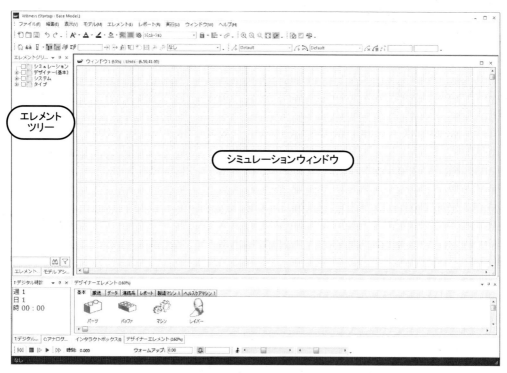

シミュレーションウィンドウ	モデルを二次元表示するウィンドウ
エレメントツリー	モデルに含まれるエレメントの一覧

図 10.1.2　シミュレーションウィンドウ

を設定することができる．シミュレーションモデルを実行すると，WITNESS はルールやアクションを順に実行することで，様々な動きを表現する．また，エレメントには，表示を設定することができる．表示を設定することで，エレメントの動きが何を表現しているのか，画面上でわかりやすく表現することができる．

　例として，現実のシステムを WITNESS で表現するイメージを次に示す（表 10.1.1，表 10.1.2，図 10.1.3）．

表 10.1.1　現実のシステムの例

設備	仮置場の付いた自動切削機と組立工程，棚がある．
人	作業員が組立工程を担当している．
流れるモノ	部品，半製品，製品が流れる．
流れ	(流れ1) システムの外からやってきた部品を自動切削機の仮置場に入れる． (流れ2) 自動切削機が，部品を自動切削機の仮置場から順に取り出して自身に入れる． (流れ3) 自動切削機が，自身から半製品を出して搬送し，組立工程の仮置場に入れる． (流れ4) 組立工程が，半製品を組立工程の仮置場から順に取り出して自身に入れる． (流れ5) 組立工程が，自身から製品を出して搬送し，棚に入れる．

表 10.1.2　WITNESS での表現例

設備	モノを置く設備である仮置場と棚をバッファA, B, Cというエレメントで表す. 処理を行う設備である自動切削機と組立工程をマシンA, Bというエレメントで表す.
人	処理時に必要な人である作業員をレイバーAというエレメントで表す.
流れるモノ	流れるモノである部品, 半製品, 製品をパーツA, B, Cというエレメントで表す.
流れ	設備（あるいはシステムの外）が, 自身からモノを出して他に入れる流れ1、3、5をアウトプットルールA, B, Cというルールで表す. 設備が, 他からモノを出して自身に入れる流れ2, 4をインプットルールA, Bというルールで表す.

工場（現実）

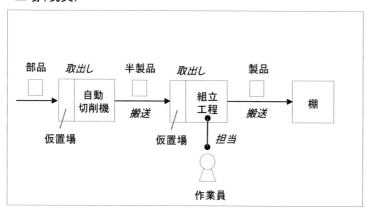

モデリング

工場（モデル）

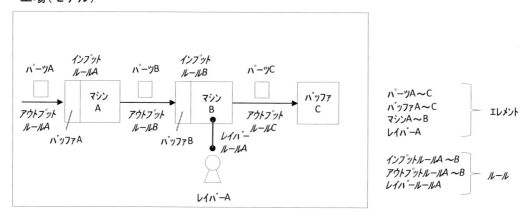

図 10.1.3　WITNESS によるモデリングのイメージ

10.1.5　エレメントの定義と種類
（1）エレメントの定義と分類

　エレメントとは, WITNESS でシミュレーションモデルを構成するものである.

　エレメントは, 離散系エレメント, 連続系エレメント, 制御エレメントの3つに分類できる（表10.1.3）.

表 10.1.3　コンピュータ上の表現例

種類	解説
離散系エレメント	物理的に存在する，個数で量を計ることができるものが流れる様子を表現するためのエレメント．
連続系エレメント	物理的に存在する，体積で量るものが流れる様子を表現するためのエレメント．
制御エレメント	モデルを制御するためのエレメント．

（２）エレメントの種類

　離散系エレメントには，パーツ，バッファ，マシン，コンベア，ビークル，走路，レイバー，通路，PF コンベアの 9 つのエレメントがある（表 10.1.4）．

　連続系エレメントには，流体，タンク，反応器，パイプの 4 つのエレメントがある．

　制御エレメントには，アトリビュート，変数，確率分布，関数，ファイル，パーツファイル，シフト，モジュール，データテーブル，円グラフ，時系列グラフ，ヒストグラム，レポートの 13 のエレメントがある．

10.1.6　学習方法
（１）書籍

　WITNESS やシミュレーションを学習するときに，書籍，動画，論文，ワークブック，サンプルモデルが役立つ．

　WITNESS とシミュレーションを解説する書籍は，本書の他に以下がある．

- ・Raid Al-Aomar, Edward J.Williams, Onur M.Ulgen:Process Simulation Using WITNESS, Wiley. 2017
- ・Neil Gordon Murray Jr.:Rational Process Design & Simulation Modeling with WITNESS Horizon, Independently published, 2017

（２）動画

　インターネット上には，WITNESS の開発元の Lanner 社や，海外のユーザが作成した動画が多数存在する．これらは，「WITNESS Simulation」といったキーワードで検索すると，見つけることができる．

（３）論文

　インターネットで「WITNESS　シミュレーション　論文」といったキーワードで検索すると，多数の論文が見つけられる．

（４）ワークブック

　WITNESS をインストールすると，サンプルモデルが付属したワークブックが一緒にインストールされる．ワークブックを開くには，WITNESS を起動したときに最初

表 10.1.4　WITNESS で用意されているエレメント

	エレメント名	説明
離散系	パーツ	モデル内を流れるもの．具体的には，製品，部品など，個数で量を数えられるものを表すのに使用する
	バッファ	パーツを置いておくもの．倉庫，棚などを表す．バッファは通常，自分では動かないので，バッファにパーツを入れたり，バッファからパーツを出すのは他のエレメントが行う
	マシン	パーツを処理するもの．機械などを表す
	コンベア	パーツを載せて動かすもの
	ビークル	パーツを載せて走路を移動するもの．無人搬送車などを表す
	走路	ビークルの走路
	レイバー	作業員
	通路	エレメント間をパーツやレイバーが移動する時の移動経路
	PF コンベア	パワー&フリーコンベア等
連続系	流体	モデル内を流れるもの．液体，紛体など，体積で量を数えられるものを表す
	タンク	流体をためておくもの
	反応器	流体を処理するもの
	パイプ	流体が移動するパイプ
制御	アトリビュート	エレメントの属性
	変数	変数(整数型，実数型，文字列型，名前型)
	確率分布	ユーザ定義分布（確率分布）
	関数	ユーザ定義関数
	ファイル	入出力ファイル
	パーツファイル	パーツを到着させるために使用するファイル
	シフト	シフトパターン．昼勤，夜勤などを表す
	モジュール	複数のエレメントをまとめるもの
	データテーブル	表やグラフ（※1）
	円グラフ	円グラフ（※2）
	時系列グラフ	時系列に描画する折れ線グラフ（※2）
	ヒストグラム	度数分布のグラフ（※2）
	レポート	ユーザ定義レポート

（※1）データテーブルエレメントは WITNESS 21 Horizon（2017 年リリース）で追加されたエレメントである．

（※2）グラフ表示用のエレメント（円グラフ，時系列グラフ，ヒストグラムエレメント）は，将来のバージョンの WITNESS ではデータテーブルエレメントで置き換えられる可能性がある．

に表示されるスタートページ（表示されない場合は，メニューの[表示]−[スタートページ]を選択する）の「WITNESSの学習教材」をクリックする．

（５）サンプルモデル

　WITNESSをインストールすると，サンプルモデルが一緒にインストールされる．
　サンプルモデルの一覧は，WITNESSのスタートページの「サンプルモデル」をクリックすると表示できる．サンプルモデルの解説は，WITNESSのヘルプ（メニューから[ヘルプ]−[検索]を選択して開く）の「検索」タブで「サンプルモデル」をキーワードにして検索すると，見ることができる．

１０．２　WITNESSの基本操作

10.2.1　基本操作の流れ

　WITNESSでモデルを作成する際には，各エレメントに対して，①定義，②表示設定，③詳細設定の3つの基本操作を行う（図10.2.1）．
　①定義とは，エレメントをモデルに追加することである．

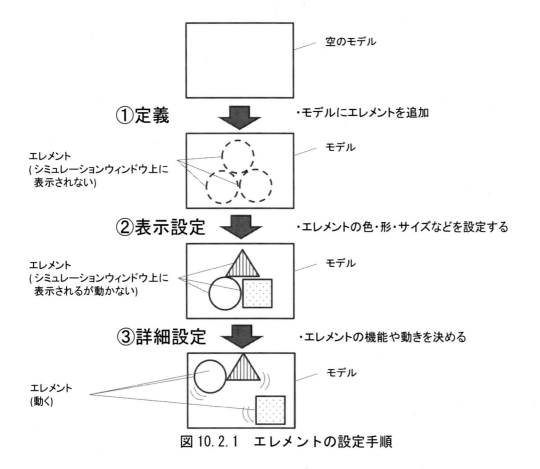

図10.2.1　エレメントの設定手順

②表示設定とは，エレメントをシミュレーションウィンドウ上に表示することである．表示設定ではエレメントそのものだけではなく，エレメントに属する情報（名前や数値など）を表示できるように設定できる．

③詳細設定とは，エレメントの機能や動きを決めることである．詳細設定ではエレメントそのものの機能のみではなく，他のエレメントとの関係（加工した部品の届け先など）も設定する．

WITNESSでは，エレメントを定義（①）しただけではシミュレーションウィンドウ上に表示されない．また，定義（①）し，表示設定（②）しても，詳細設定（③）をしなければ，表示されるだけである．

10.2.2　エレメントの定義方法
（1）エレメントの定義方法の内容
エレメントの定義方法には，メニューから定義する方法と，デザイナーエレメントから定義する方法がある．

（2）メニューから定義する方法
①メニューから[エレメント]−[定義]を選択する（図10.2.2）．

図10.2.2　エレメントの「定義」メニュー

②「定義」ダイアログでエレメントの種類を選択し，名前を指定して[作成]ボタンを押す．なお，定義したエレメントはエレメントツリーに表示されるが，表示が未設定であるため，シミュレーションウィンドウ上には表示されない（図10.2.3，図10.2.4）．

（3）デザイナーエレメントから定義する方法
デザイナーエレメントを選択し，ドラッグ＆ドロップする[1]．その結果，エレメントツリーとシミュレーションウィンドウの両方にエレメントが表示される．なお，デザイナーエレメントは，エレメントの表示等をゼロから設定せずに済むように予め設定を行い，使い回しできるテンプレートとして登録したものである（図10.2.5）．

---

[1] ドラッグ＆ドロップが可能なのは，WITNESS 13以降である．WITNESS 12以前のバージョンでは，デザイナーエレメントを選択してから，シミュレーションウィンドウをクリックする方法で定義する．

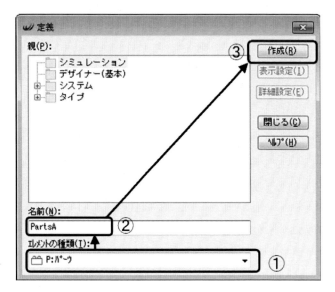

図 10. 2. 3　エレメントの定義ダイアログ

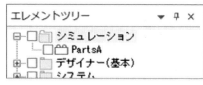

図 10. 2. 4　エレメントツリーの
表示例

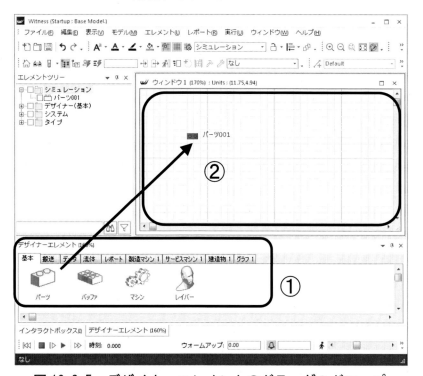

図 10. 2. 5　デザイナーエレメントのドラッグ＆ドロップ

10.2.3　エレメントの表示設定方法
（１）エレメントの表示設定方法の内容

　エレメントの表示設定とは，モデルに含まれるエレメントがシミュレーションウィンドウ上にどのように表示されるのかを，設定することである．

　エレメントの表示設定方法には，表示の更新，表示の追加，表示の削除がある．

　なお，WITNESS では二次元と三次元の表示が可能であるが，ここでは二次元の表示のみを説明する．

（2）表示の更新

　①更新したい表示アイテムを右クリックして「選択した表示の更新」を選択してダイアログを開く（図10.2.6）．

　②表示の詳細を設定し，[更新]ボタンを押す．なお，[更新]でなく[描画]ボタンを押した場合は，シミュレーションウィンドウ上に新たな表示アイテムが追加される（図10.2.7）．

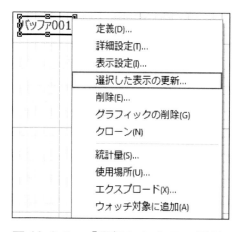

図10.2.6　「選択した表示の更新」　　　図10.2.7　表示の詳細設定用
　　　　　　　　メニュー　　　　　　　　　　　　　　　ダイアログ

（3）表示の追加

　①表示を追加したいエレメントを，エレメントツリーまたはシミュレーションウィンドウから右クリックし，[表示設定]を選択する．その結果，表示設定ダイアログが表示される．

　②表示設定ダイアログの描画/更新モード（図10.2.8 の i）を[描画]とし，新たに表示したいアイテムを選択して（図10.2.8 の ii），編集ボタン（図10.2.8 のの iii）をクリックする．その結果，表示の詳細設定ダイアログが開く．なお，主な表示アイテムの表示内容を，表10.2.1 に示す．

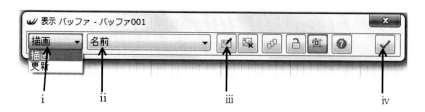

図10.2.8　表示設定ダイアログ

　③表示の詳細設定ダイアログで設定を行い，[描画]ボタンを押す．シミュレーション上の表示したい箇所でクリックする．なお，表示アイテムによって，ダイアログの設定項目は異なる（図 10.2.9）．

　④表示設定ダイアログの完了（適用）ボタン（図 10.2.8 の ⅳ）をクリックし，設定を完了する．

図 10.2.9　表示の詳細設定ダイアログ上の[描画]ボタン

表 10.2.1　主な表示アイテムの表示内容（1）

表示アイテム	エレメント名	表示内容	表示例
スタイル	パーツ，レイバー，ビークル，走路，PF キャリア	シミュレーション実行中に動き回るエレメントをアイコンまたは文字列で表示する（スタイルは表示設定ダイアログの描画/更新モードを「描画」にして設定する）	例1：パーツ 001 のスタイルをアイコンで表示した例 ■ パーツ001　　バッファ001　　マシン001 例2：パーツ 001 のスタイルを文字列で表示した例 A パーツ001　　バッファ001　　マシン001 Ⓐ
路	コンベア，走路，通路，バッファ	エレメント上のパーツやレイバー，ビークルが通る経路を表示する．	例1：通路 001 の路を表示した例 通路001

127

表 10.2.1　主な表示アイテムの表示内容（２）

表示アイテム	エレメント名	表示内容	表示例
パーツの列	マシン, バッファ, モジュール	エレメントの中にあるパーツを行列または個数で表示する.	例１：マシン 001 のパーツの列を行列で表示した例 例２：マシン 001 のパーツの列を個数で表示した例
レイバーの列	マシン, コンベア, パイプ, 反応器, タンク, PF セクション, PF ステーション	割り当てられたレイバーを個数または行列で表示する.	例１：マシン 001 のレイバーの列を行列で表示した例 例２：マシン 001 のレイバーの列を個数で表示した例
アイコン	すべてのエレメント	エレメントを表すアイコン(画像等)を表示する.	例１：マシン 001 のアイコンを表示した例
値	変数, 関数	変数や関数の現在の値を表示する.	例１：変数 001 と関数 001 の値を表示した例
タグスタイル	アトリビュート（注）	アトリビュートの保持する値を, スタイルの傍にタグ形式で表示する.	例１：アトリビュートのタグスタイルを表示した例

注：タグスタイルを表示するには，アトリビュートの表示設定を行うだけでなく，アトリビュートを保持するパーツやビークルなどのエレメントのスタイルの表示設定で，「タグを表示」をチェックする必要がある.

（４）表示の削除

　シミュレーションウィンドウ上で削除したい表示アイテムを右クリックし，［グラ

フィックの削除]を選択すると，表示が削除される．なお，誤って[削除]を選択すると
エレメントが削除されてしまうため，注意すること．

10.2.4　エレメントの詳細設定方法

　エレメントの詳細設定は，エレメントの振る舞いを定めるために行う．

　エレメントの詳細設定は，シミュレーションウインドウ上のエレメントをダブルク
リックし，表示された詳細設定ダイアログで必要な項目を設定する．詳細設定ダイア
ログにおいて，「〜アクション」と表示されている項目（入力時アクション，開始時
アクションなど）では複雑なロジックを追加でき，「〜ルール」と表示されている項
目（インプットルール，レイバールールなど）では，モノや人がどこから来てどこへ
行くかの流れを指定することができる（図 10.2.10）．

　なお，詳細設定ダイアログで設定可能な項目には，あまり使う機会のない項目もあ
るので，作成するモデルに応じ必要な項目だけ設定する（図 10.2.11）．

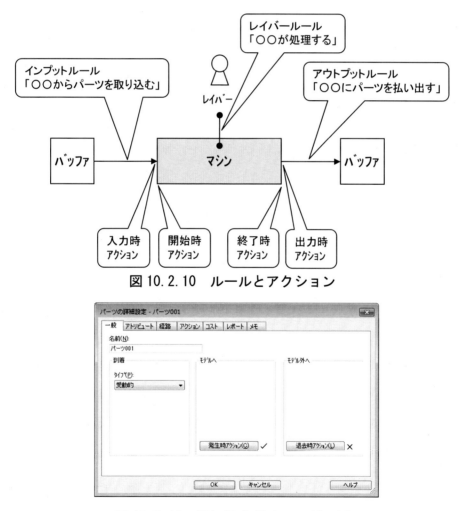

図 10.2.10　ルールとアクション

図 10.2.11　詳細設定ダイアログの例

10.2.5　モデルの実行・停止方法

モデルの実行, 停止は, WITNESS の画面下部のシミュレーション実行ツールバーを使用する (図 10.2.12). なお, シミュレーション実行ツールバーの各ボタンの機能は, 表 10.2.2 に示す.

図 10.2.12　シミュレーション実行ツールバー

表 10.2.2　シミュレーション実行ツールバーの各ボタンの機能

ボタン	機能
◁◁ 初期状態へ戻す	モデルを初期状態 (シミュレーション時刻 0) に戻す.
■ 停止	モデルの実行を停止する.
▷ ステップ実行	[ステップ実行] ボタンを選択して, [Enter] キーまたは スペースキーを押すと, アニメーションを表示させながらモデルを 1 ステップずつ実行し, シミュレーション時刻とイベントがインタラクトボックスに表示される. ⅠⅩインタラクトボックス　　　　　　　　　　⇥ × OP10 がレイバーを獲得 3.000 ： 時間の更新 4.000 ： 時間の更新 5.000 ： マシン OP10 が 処理中 の状態を終了しようと試みた B を OP10 から B5 へ出力 5.000 ： 時間の更新
▶ ラン実行	アニメーションを表示させながらモデルを実行する.
▷▷ バッチ実行	画面表示をせずにモデルを実行する.
🔔 ~まで実行／時間を表す式	[~まで実行] を ON にして, [時間を表す式] に任意のシミュレーション時刻を設定してモデルを実行すると, 設定した時刻で実行が停止する.
🚶 ◀ ▭ ▶ ウォーク実行	[ウォーク実行] を ON にしてモデルを実行すると, パーツやレイバーがエレメント間をスライドして移動する様子が表示される. 右隣のスライダー [ウォーク実行のスピード] で速度を変更することができる.

１０．３　代表的なエレメントの詳細設定

10.3.1　パーツエレメント

パーツの詳細設定ダイアログでは, 「到着のタイプ」や「到着時間間隔」などを設定する (図 10.3.1).

「到着のタイプ」は, パーツの発生方法を指定する. 到着のタイプには, 受動的,

能動的，プロフィールによる能動の 3 つがある．主に「受動的」と「能動的」が使われる（表 10.3.1）．

　図 10.3.1 は，到着のタイプを「能動的」，到着時間間隔を 10 分に設定した例である．

図 10.3.1　パーツの詳細設定ダイアログの表示例

表 10.3.1　パーツの到着のタイプ

到着のタイプ	意味
受動的	パーツ以外のエレメントがパーツを発生させる． 受動的にパーツを発生させる場合は，マシンエレメントなどの他のエレメントのルールで，パーツがモデル内に入るように設定する必要がある（ルールの書式は表 10.4.3 の例 4 参照）
能動的	他のエレメントによらず，パーツが発生する． 能動的にパーツを発生させる場合は，「到着時間間隔」やパーツのアウトプットルール（「To」のボタンから設定する）などを設定する必要がある（アウトプットルールの書式は表 10.4.5 の例 1 参照）
プロフィールによる能動	パーツエレメントの詳細設定の[到着プロフィール]タブで，時間帯ごとの発生数量などを指定してパーツを発生させる

10.3.2　バッファエレメント

　バッファの詳細設定ダイアログでは，「数量」「容量」「インアクション」「アウトアクション」などを設定する．なお，バッファの詳細設定は，初期状態のままで良い場合もある（図 10.3.2，表 10.3.2）．

　図 10.3.2 は，バッファの数量を 3 つ，各バッファの容量をパーツ 10 個に設定した例である．

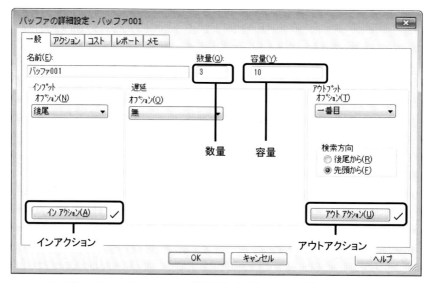

図 10.3.2　バッファの詳細設定ダイアログの表示例

表 10.3.2　バッファの詳細設定画面の主な項目

項目	内容
数量	バッファの数.
容量	1つのバッファ内に入れられるパーツの個数の上限.
インアクション	パーツがバッファに入った時に実行する命令
アウトアクション	パーツがバッファから出るときに実行する命令

10.3.3　マシンエレメント

（1）一般の詳細設定

　マシンの詳細設定ダイアログでは,「数量」「種類」「インプットルール」「入力時アクション」などを設定する. なお,「種類」の選択によって, 表示される項目は変化する（図 10.3.3, 表 10.3.3）.

　図 10.3.3 は, マシンの数が 5 台, マシンの種類を分割, 1 回あたりの処理時間（サイクルタイム）を 10 分, マシンに入ったパーツ 1 個と新たなパーツ（生成個数）2 個の計 3 個を出力するように設定した例である.

（2）故障と段取替えの詳細設定

　マシンエレメントでは, 故障や段取替え（工具交換などを表現する）に関して設定を行うことができる. 故障は「故障」タブで設定を行う. 故障タブでは, まず「追加／削除」ボタンで, 故障の種類だけ行数を追加し, 次に「モード」を選択する. 表示された項目の中から, 必要な項目を選んで設定する（図 10.3.4）.

　故障の入力項目を表 10.3.4 に示す. 段取替えは「段取替え」タブで設定を行う. 設定方法は, ほぼ同様である.

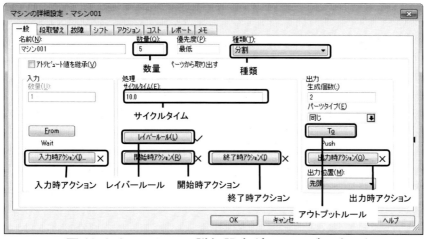

図10.3.3　マシンの詳細設定ダイアログの表示例

表10.3.3　マシンの詳細設定画面の主な項目

項目	意味
数量	マシンの数.
種類	マシンの種類.　主な種類は以下の通り. シングル：1つのパーツを処理し1つのパーツを出すマシン. 分割：1つのパーツを分割して複数のパーツを出すマシン. 　　「分割」を選択した場合は，出力の「生成個数」で，分割後に新たに発生するパーツの個数を指定する. 組立：複数のパーツを組み立てて1つのパーツを出すマシン. 　　「組立」を選択した場合は，入力の「数量」で，マシンに入れるパーツの個数を指定する. バッチ：複数のパーツを処理して同じ数のパーツを出すマシン. 　　「バッチ」を選択した場合は，入力の「最小バッチ数」と「最大バッチ数」で，マシンに入れるパーツの個数を指定する.
インプットルール	パーツをどこから引き込むかを指定する
入力時アクション	パーツがマシンに入ったときに実行する命令
サイクルタイム	パーツを1回処理するのにかかる時間長
レイバールール	パーツを処理するときに必要なレイバー.（注）
開始時アクション	処理を開始するときに実行する命令
終了時アクション	処理を終了するときに実行する命令
アウトプットルール	パーツをどこへ出すかを指定する
出力時アクション	パーツをマシンから出すときに実行する命令

（注）レイバーに関しては次項で説明する.

　図 10.3.4 は，2 種類の故障を設定した例であり，1 つ目は処理 1,000 回に 1 度発生し修理に 10 分かかる故障，2 つ目は 14,400 分作動すると 1 度発生し修理に 5 分かかる故障である．

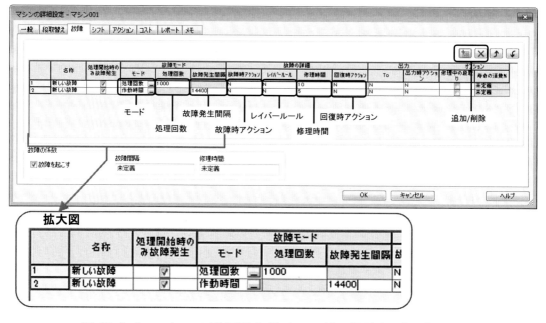

図 10.3.4　マシンの詳細設定ダイアログの故障タブの表示例

表 10.3.4　マシンの詳細設定画面（故障）の主な項目

項目	意味
追加/削除	マシンに故障を追加／削除する
モード	故障間隔の指定方法．種類は以下の通り． 総時間：「故障発生間隔」で指定した時間の経過後に故障する． 作動時間：「故障発生間隔」で指定した時間だけ作動後に故障する． 処理回数：「処理回数」で指定した回数だけ処理後に故障する．
故障発生間隔/処理回数	「モード」の指定に応じて上記のように故障間隔を指定する．
修理時間	故障からマシンが回復するまでの時間長
レイバールール	故障からマシンが回復するために必要なレイバー(注)
故障時アクション	故障が開始したときに実行する命令
回復時アクション	故障からマシンが回復したときに実行する命令

10.3.4　レイバーエレメント

　レイバーの詳細設定ダイアログでは，「シフト」「数量」などを設定する．レイバーの詳細設定は，初期状態のままで良い場合もある（図 10.3.5，表 10.3.5）．

図 10.3.5 は，常に稼働可能なレイバーが 10 人と，「昼勤」というシフトで稼働するレイバーが 5 人いることを設定した例である．

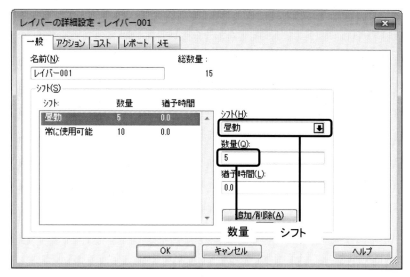

図 10.3.5　レイバーの詳細設定ダイアログの表示例

表 10.3.5　レイバーの詳細設定画面の主な項目

項目	内容
シフト	レイバーが従うシフト名．「常に使用可能」と，定義済のシフトエレメントが表示される． 「常に使用可能」を選択すると，レイバーはいつでも作業可能になる．その他のシフトを選択すると，シフトエレメントで指定したオンシフト(作業時間)の間だけ，レイバーが作業可能になる．
数量	シフトに従うレイバーの数

１０．４　エレメントの制御

10.4.1　エレメントの制御方法の種類

エレメントの振る舞いは，ルールまたはアクションによって制御する．

ルールは，パーツやビークルなどのシミュレーション実行中に動き回るエレメントがどこから来てどこへ行くのかを制御する．

アクションは，ルールで設定できない命令による制御を行う．例えばデータの入出力や，表示の変更を行う場合は，アクションを使用する．

10.4.2　ルールによる制御

（1）ルールの分類

モノがどこから来てどこへ流れていくのかを指定するには，エレメント間を「ルール」で結びつける必要がある．

「ルール」は，インプットルール，アウトプットルール，レイバールールの3つに分類できる（表10.4.1）．

表 10.4.1　ルールの分類

分類	内容
インプットルール	パーツや流体などをエレメントに引き込む．
アウトプットルール	パーツや流体などをエレメントから出す．
レイバールール	レイバーをエレメントで発生した処理や修理，段取替に割り付ける

（2）インプットルール

インプットルールでは，パーツや流体などをどこからどのように取得するか設定する．

主なインプットルールを表10.4.2に示す．

表10.4.3は，インプットルールの記述例である．

（3）アウトプットルール

アウトプットルールは，パーツや流体などをどこへどのように出すか設定する．

主なアウトプットルールを，表10.4.4に示す．

表10.4.5はアウトプットルールの記述例である．

表 10.4.2　主なインプットルール

対象	ルール	説明
離散系のエレメント	PULL	指定したエレメントから引き込む
	SEQUENCE	複数のエレメントから順に引き込む
	PERCENT	複数のエレメントから指定した確率で引き込む
	MATCH	条件に合致したら引き込む
連続系のエレメント	FLOW	指定したエレメントから流体を引き込む
	RECIPE	複数のエレメントから流体を指定した割合で引き込む
離散系および連続系のエレメント	WAIT	引き込まずに待つ．初期状態ではすべてのインプットルールに WAIT が設定されている．

表 10.4.3 インプットルールの記述例

　バッファ BUF1，BUF2，BUF3 からマシンにパーツを引き込みたいときに，マシンに設定するインプットルールを次に示す.

例 1：PULL from BUF1
　BUF1 からパーツを引き込む.

例 2：SEQUENCE /Wait BUF1#(1),BUF2#(1),BUF3#(1)
　BUF1，BUF2，BUF3 から，順番に 1 個ずつパーツを引き込む.

例 3：PERCENT BUF1 30.00 ,BUF2 30.00 ,BUF3 40.00
　BUF1，BUF2，BUF3 から，それぞれ 30%，30%，40%の確率でパーツを引き込む.

　モデルの外からマシンにパーツを引き込みたいとき（つまり，新たにパーツを発生させて引き込みたいとき）に，マシンに設定するインプットルールを次に示す.

例 4： PULL PartA from WORLD
　　　「PartA」という名前のパーツをモデルの中に発生させる
　　　”WORLD”はモデルの外を表す WITNESS の用語である.

表 10.4.4　主なアウトプットルール

対象	ルール	説明
離散系のエレメント	PUSH	指定したエレメントへ出す
	SEQUENCE	複数のエレメントへ順に出す
	PERCENT	複数のエレメントへ指定した確率で出す
連続系のエレメント	FLOW	指定したエレメントへ流体を引き込む
	RECIPE	複数のエレメントから流体を指定した割合で引き込む
離散系または連続系のエレメント	WAIT	出さずに待つ. 初期状態ではすべてのアウトプットルールに WAIT が設定されている.

（4）レイバールール

　レイバールールでは，マシンなどのエレメントで処理や修理，段取替えなどを行う際にどのようなレイバーを必要とするか設定する.
　表 10.4.6 は，レイバールールの記述例である.

表 10.4.5　アウトプットルールの記述例

マシンから各バッファ BUF1，BUF2，BUF3 へパーツを出すときに，マシンに設定するアウトプットルールを次に示す．

例 1：PUSH to BUF1
　　　BUF1 へパーツを出す．

例 2：SEQUENCE /Wait BUF1#(1),BUF2#(1),BUF3#(1)
　　　BUF1，BUF2，BUF3 へ順番に 1 個ずつパーツを出す．

マシンからバッファ BUF1 へ，パーツと共にレイバー LAB1 が移動するようにしたいときにマシンに設定するアウトプットルールを次に示す．

例 3：PUSH to BUF1 with LAB1 Using Path
　　　BUF1 へパーツを出すときに，LAB1 がパーツと一緒に移動する．

マシンからモデルの外へパーツを出して消失させたいときに，マシンに設定するアウトプットルールを次に示す．

例 4：PUSH TO SHIP
　　　パーツをモデルの外に出して消失させる．

表 10.4.6　レイバールールの記述例

マシンが処理を行うために，レイバー STAFFA，STAFFB を必要とするときに，マシンで設定するレイバールールを次に示す．

例 1：STAFFA
　　　STAFFA を 1 人必要とする．

例 2：STAFFA　or　STAFFB
　　　STAFFA または STAFFB を 1 人必要とする．

例 3：STAFFA　and　STAFFB
　　　STAFFA と STAFFB を 1 人ずつ必要とする．

例 4：STAFFA#2　or　STAFFB#3
　　　STAFFA を 2 人または STAFFB を 3 人必要とする．必要な数量はエレメント名の後ろに ”#必要な数量” と指定する．”#1”（必要な数量が 1）の場合は，省略可能．

（５）ルールの設定方法

１）詳細設定ダイアログからルールを設定する方法

　ルールの設定方法には，詳細設定ダイアログから設定する方法と，ツールバーから設定する方法がある．

　エレメントの詳細設定ダイアログ上の「〜ルール」と書いてあるボタンを押してエディタを開くと，ルールの設定を行うことができる．ルールはモノを動かすエレメント（マシン，コンベアなど）で設定する．動かされるモノを表現するエレメント（パーツ，流体，レイバーなど）や，モノを動かさないエレメント（バッファ，通路など）では設定できない（図 10.4.1）．

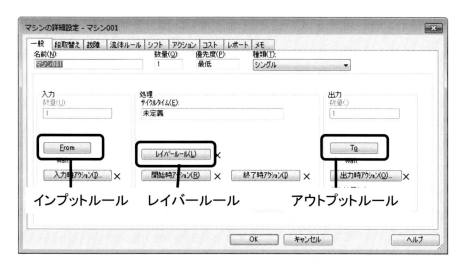

図 10.4.1　マシンエレメントの詳細設定ダイアログ上のルール設定用のボタン

２）ツールバーからルールを設定する方法

　モノを動かすエレメントを選択してからツールバーからアイコンをクリックすると，ルールを設定することができる（表 10.4.7）．

（６）動かされる／動かすエレメントの組合せ

　WITNESS では，操作の対象となるエレメントと，操作のためのルールの設定を行うエレメントの組合せは決まっている．このエレメントの組合せと設定可能なルールを，表 10.4.8 に示す．

表 10.4.7　ルールの設定用のアイコン

アイコン	名前	用途と使用法
➡	ビジュアルインプットルール	インプットルールを以下の手順で設定する 1. モノを動かすエレメントを選択 2. ビジュアルインプットルールのアイコンをクリック 3. モノの引き込み元のエレメントを選択
▯➡	ビジュアルアウトプットルール	アウトプットルールを以下の手順で設定する 1. モノを動かすエレメントを選択 2. ビジュアルアウトプットルールのアイコンをクリック 3. モノの出し先のエレメントを選択
🚶▯	ビジュアルレイバールール	レイバールールを以下の手順で設定する 1. レイバーの割り付け先のエレメントを選択 2. ビジュアルレイバールールのアイコンをクリック 3. レイバーエレメントを選択

表 10.4.8　動かされる/動かすエレメントの組合せと，設定するルール
（主要なエレメントのみ）

操作の対象となるエレメント	ルールの使用目的	操作のためのルールの設定を行うエレメントと設定するルール	
		設定するエレメント	設定するルール
パーツ	発生させる	パーツ(能動的に発生するパーツの投入先の設定を行う)	アウトプットルール
	発生後に動かす	マシン，コンベア	インプットルールおよびアウトプットルール
		走路(ビークルがパーツを荷積/荷降しする走路)	「荷降し」「荷積み」タブの荷降しアウトプットルールおよび荷積みインプットルール
ビークル（図 10.4.2）	発生させる	ビークル(シミュレーション開始時にビークルを配置する走路の設定)	投入時アウトプットルール
	発生後に動かす	走路 (ビークルの走行路を表す走路)	アウトプットルール
レイバー	発生させる	なし	なし
	発生後に動かす	マシン (マシンの処理や，故障や段取替に必要なレイバーの設定を行う)	レイバールール (処理を担当するレイバーを動かす時は「基本」タブ，故障を担当するレイバーならば「故障」タブ，段取替を担当するレイバーならば「故障」タブのレイバールールで設定する)

※1：パーツと共にレイバーを移動させたいときの書式例は，表 10.4.5 参照のこと.

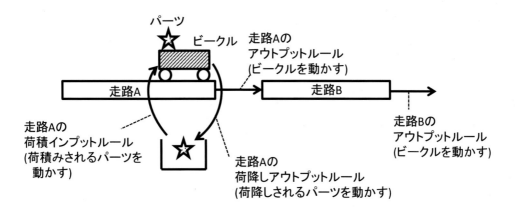

図 10.4.2　ビークルを動かすルールと，荷積・荷降しされるパーツを動かすルール

10.4.3　アクションによる制御

アクションを用いると次のようなことができる．

- ・変数やアトリビュートの操作
- ・パーツやビークルの制御
- ・テキストファイルや EXCEL とのデータ入出力
- ・ユーザー独自の統計レポートの作成
- ・簡単な入出力ダイアログの作成

アクションが実行されるタイミングはモデル内でシステムの状態変化を起こす事象（以下，イベントと呼ぶ）が発生した時である．

イベントと，実行されるアクション名の例を，表 10.4.9 に示す．

表 10.4.10 は，アクションの記述例である．

表 10.4.9　イベントと実行されるアクションの例

エレメント	イベント	アクション名
なし（モデル全体）	シミュレーションを実行開始した	モデルの初期設定アクション
	ユーザがメニューから[実行]－[ユーザアクションの実行]を選択した	ユーザーアクション
パーツ	パーツがモデル内に発生	発生時アクション
バッファ	パーツがバッファに入った	インアクション
	パーツがバッファから出た	アウトアクション
マシン	パーツがマシンに入った	入力時アクション
	パーツがマシンから出た	出力時アクション
	マシンが処理を開始した	開始時アクション
	マシンが処理を終了した	終了時アクション
	マシンが故障した	故障時アクション
	マシンが故障から回復した	回復時アクション

表 10.4.10　アクションの記述例

例 1：シミュレーションを実行開始したときに「入力ファイル.xlsx」という Excel ファイルのワークシート Sheet1 のセル A1 からデータを読み込んで，変数エレメント「変数 001」にデータを格納したいときは，メニューの[モデル]−[初期設定アクション]に以下の命令を記述する．

変数 001=XLCellToReal("入力ファイル.xlsx","Sheet1","$A$1")

※XLCellToReal(*ファイル名,シート名,セル範囲*)は，Excel ワークシートのセルから読み取った実数値を返すシステム関数(WITNESS に予め登録されている関数)である．

例 2：マシン 001 が処理を終えた時に，インタラクトボックスにシミュレーション時刻と「マシン 001 が処理終了」という文字列を表示したいときは，マシン 001 の詳細設定ダイアログの「終了時アクション」というボタンをクリックして以下のアクションを記述する．

PRINT TIME,"マシン 001 が処理終了"

※PRINT は，インタラクトボックスに出力する命令である．
　TIME は，シミュレーション時刻(シミュレーション上の時刻)を返すシステム変数(WITNESS に予め登録されている変数)である．

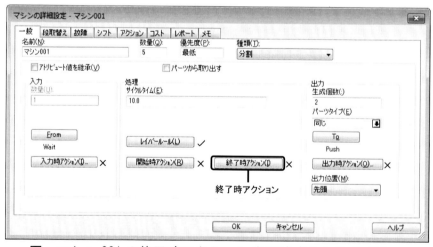

図　マシン 001 の終了時アクションを記述するためのボタン

10.4.4　IF 文による制御

ルールやアクションでは，IF 条件文を使用できる．

　IF 条件文を使用することで，条件に応じて異なるルールを使って行き先を変えたり，異なるアクション文を実行することができる．また，IF 条件文をアトリビュートや状態関数，変数，ユーザー定義関数と組み合わせると，より複雑なルールやアクションを記述できる（表 10.4.11，表 10.4.12）．

表 10.4.11　IF 条件文の記述例

　マシンからパーツを出すときに，BUF1 という名前のバッファに存在するパーツが 5 個以下の場合は BUF1 へ，それ以外の場合（BUF1 に存在するパーツが 6 個以上の場合）は BUF2 という名前のバッファへパーツを出すときに，マシンに設定するアウトプットルールを次に示す．

```
IF NPARTS (BUF1) < 5
    PUSH to BUF1
ELSE
    PUSH to BUF2
ENDIF
```

注) NPARTS(エレメント名)は，指定したエレメントの中に入っているパーツの個数を返すシステム関数である．

表 10.4.12　IF 条件文とアトリビュートを組み合わせた制御例

　マシン 001 から，以下のようにパーツを出したいとする．
　パーツ 001 のアトリビュート A_COLOR の値が「red」ならば，バッファ BUF1 に存在するパーツの数量が 5 以下の場合にはバッファ BUF1 へ，それ以外の場合は BUF2 へパーツを出す．
　パーツ 001 のアトリビュート A_COLOR の値が「blue」ならば，マシン M1 が待機状態であればマシン M1 へ，それ以外の場合はバッファ BUF3 へ出す．
　パーツ 001 のアトリビュート A_COLOR の値が「red」でも「blue」でもないならば，バッファ BUF4 へ出す．
　このときのマシン 001 のアウトプットルールは以下のように記述できる．

```
IF A_COLOR = "red"
   IF NPARTS (BUF1) < 5
       PUSH to BUF1
   ELSE
       PUSH to BUF2
   ENDIF
ELSEIF A_COLOR = "blue"
```

```
    IF ISTATE (M1) = 1
        PUSH to M1
    ELSE
        PUSH to BUF3
    ENDIF
ELSE
    PUSH to BUF4
ENDIF
```

注）ISTATE(エレメント名)は，指定したエレメントの状態番号を返すシステム関数である．マシンエレメントの場合，状態番号が 1 ならば待機状態であることを表す．

10.4.5　アトリビュートによる制御

　アトリビュートとは，パーツ，レイバー，マシン，ビークルなどの個々の属性情報を付加する際に使用する論理エレメントである．エレメントに付加したアトリビュートの値は，シミュレーション実行中に参照や設定を行うことができる．アトリビュートを使うと，同じ種類のパーツやレイバーなどが多数あっても，それぞれの属性情報に応じてマシンの処理時間を変えることや，行先を変更することなどができる（表10.4.13）．

　アトリビュートの例としては次のようなものが挙げられる．

- ・パーツの製品番号，色，納期という属性情報
- ・レイバーのスキルという属性情報
- ・マシンの電圧という属性情報

表 10.4.13　アトリビュートを用いた制御例

例 1：パーツ 001 のアトリビュート A_COLOR の値を初期状態で「gray」としておきたいときは，パーツ 001 の初期設定アクションに以下の命令を記述する．

　　A_COLOR="gray"

例 2：マシン 001 が処理を開始した時に，パーツ 001 のアトリビュート A_COLOR の値を「red」に変更したいときは，マシン 001 の開始時アクションに以下の命令を記述する．

　　A_COLOR="red"

図　例 1 と例 2 の設定を行ったモデルを実行したときの表示例

１０．５　データの設定と出力

10.5.1　データの設定方法と出力方法の種類

（１）データの設定方法

　データの設定には，エレメントの詳細設定などのダイアログか，アクションを使用する．

　ダイアログを使用して設定する場合は，予め定められた項目に定数または式を入力する．この方法を使うと，ダイアログを閉じるときに式の返す値の型や範囲が自動的に確認され，問題があればエラーメッセージが表示されるので，設定の誤りを予防しながら短時間で値を設定するのに役立つ．

　アクションを使用する場合は，設定したいタイミングで実行されるアクションに命令を記述してからモデルを実行する．この方法を使うと，条件に応じて任意の項目を任意のタイミングで設定することが可能であり，例えばモデルの実行開始時にテキストファイルや Excel ワークシートなどの外部ファイルから読み込んだ値を変数に設定したり，モデルの実行中にエレメントの状態に応じて異なる式を使用して変数に値を設定するなど，柔軟な設定をするのに役立つ．

表 10.5.1　データの記載場所とアクションの記載方法

データの記載場所	アクションの記載方法
アクション （アクションの中に値を記載する）	変数エレメントやアトリビュートエレメントに「*変数名またはアトリビュート名 ＝ 式*」を記載する． 例：モデルの実行を開始した時に，整数型の変数エレメント「IntVar1」に 100 を格納する場合は，モデルの初期設定アクションに以下のように記載する． `IntVar1 = 100`
テキストファイル	アクションに「**READ** *ファイルエレメント名　変数またはアトリビュート名，変数またはアトリビュート名，...*」と記述する． 詳細は１０．５．３参照．
Excel ファイル	アクションに Excel からの入力用のシステム関数を記述する． 詳細は１０．５．３参照．

（２）データの出力方法

　データの出力には，WITNESS の[レポート]メニューやアクションを使用する．

　[レポート]メニューを使用して出力する場合は，出力したいタイミングでモデルを停止してからメニューの[レポート]の下のサブメニューを選択することで，予め定められた項目をダイアログ上に表示する．主なサブメニューを表 10.5.2 に示す．この

方法は，予め出力するタイミングや出力する項目を定めておく必要がないため，モデルを少しずつ実行しながら動作を検証する際に役立つ.

アクションを使用する場合は，出力したいタイミングで実行されるアクションに出力命令を記述してからモデルを実行する. 出力先の種類とアクションの記載方法を表10.5.3 に示す. この方法により，任意の項目を，任意の出力先に出力することができる. 例えば，モデルの実行中にエレメントの動作に関するメッセージをインタラクトボックスに表示することや, モデルを実行し終えた後にシミュレーション結果をファイルに出力することができる.

表 10.5.2　[レポート]メニューの主なサブメニュー

サブメニュー名	出力内容	操作方法
統計量	エレメントの種類に応じた項目の統計量	対象とするエレメントを選択して，WITNESS のメニューから[レポート]－[統計量]を選択する.
使用場所	エレメントを参照している場所	対象とするエレメントを選択して，WITNESS のメニューから[レポート]－[使用場所]を選択する.
エクスプロード	エレメントの現在の状態と，エレメントの中にあるパーツのリスト	対象とするエレメントを選択して，WITNESS のメニューから[レポート]－[使用場所]を選択する.

表 10.5.3　出力先の種類とアクションの記載方法

出力先	アクションの記載方法
インタラクトボックス	「PRINT *出力内容*」と記述する. 複数の項目を出力するには，または ; で項目を区切る. 例：マシンがパーツを処理し終えた時にシミュレーション時刻と「処理終了」という文字列をインタラクトボックスに出力するには，マシンの終了時アクションに以下のように記述する. PRINT TIME, "処理終了"
テキストファイル	アクションに「WRITE *ファイルエレメント名* *出力内容*」と記述する. 詳細は 10.5.3 参照.
Excel ワークシート	アクションに Excel への出力用のシステム関数を記述する. 詳細は 10.5.3 参照.

10.5.2　モデルの内部でデータを設定する方法
（１）データの設定箇所
　モデルの内部でデータを設定する場合，データの設定には，エレメントの詳細設定などのダイアログか，アクションを使用する．

（２）ダイアログを使って設定する方法
　ダイアログ上の入力用テキストボックスには定数を与えることができる．また，入力用テキストボックスの一部は，定数だけでなく式の入力が可能である．式を指定すると，シミュレーションの実行中に設定値を変化させることができる（表10.5.4．式の詳細は（４）参照）．

表 10.5.4　ダイアログ上の式の設定例

　マシンのサイクルタイムを，パーツのアトリビュート A_HOUR の値に応じて変化させ，A_HOUR の値の 60 倍の値を与えたい場合は，マシンのサイクルタイムにA_HOUR*60　と記述する．

図　マシンの詳細設定ダイアログのサイクルタイムの式の設定例

（３）アクションを使って設定する方法
　アクションを使うと，変数やアトリビュートに値を設定できるほか，外部ファイルに記載された値を読み込むことができる（表 10.5.5．外部ファイルの詳細は 10.5.3 参照）．
　設定するアクションの種類（初期設定アクション／入力時アクション／開始時アクション等）は，値がモデルの実行中に変化するかどうか，変化する場合はどのようなタイミングかを考慮して決定する．
　変数やアトリビュートに値を与える際の書式は以下の通りである．
・変数に値を与える場合

　　変数名 ＝ 式
・カレントパーツのアトリビュートに値を与える場合
　　アトリビュート名 ＝ 式
　　※注：アクションの記載先のエレメントが現在扱おうとしているパーツを
　　　　WITNESS では「カレントパーツ」と呼ぶ．
・カレントパーツ以外のパーツのアトリビュートに値を与える場合
　　エレメント名 at 位置：アトリビュート名 ＝ 式

表 10.5.5　変数やアトリビュートに値を設定するアクションの例

例 1 ）モデルの実行開始時に，数量 3 の整数型の変数 Var1 の 1 番目に 10, 2 番目に 20, 3 番目に 30 を与える場合，モデルの初期設定アクションに以下のように記述する．

```
Var1(1) = 10
Var1(2) = 20
Var1(3) = 30
```

例 2 ）マシン MC1 にパーツが到着した時刻を 60 で割った値をパーツのアトリビュート A_HOUR に与える場合，MC1 のインアクションに以下を記述する．

```
A_HOUR = TIME / 60
```

例 3 ）マシン MC1 にパーツが到着した時に，バッファ BUFA(2)の出口から 3 番目のパーツのアトリビュート ATR1 に 5 を与える場合，MC1 のインアクションに以下を記述する．

```
BUFA(2) at 3:ATR1 = 5
```

（4）式の記述方法

　式の中には定数の他に，加減乗除の記号 +, −, *, / やカッコ（），変数，アトリビュート，関数，確率分布エレメントを含めることができる．これによって，シミュレーションの実行中に式の返す値を変化させたり，外部ファイルから読み込んだ値を使用することが可能になる（表 10.5.6）．

10.5.3　外部ファイルを使用してデータを入出力する方法
（1）ファイル形式の種類と設定箇所

　WITNESS で入出力可能なファイル形式は，Excel ファイルのうち拡張子が *.xls,*.xlsx, *.xlsm の形式と，テキスト形式である．それぞれの入出力の方法は（2），（3）で説明する．

　ファイルからのデータの入力は，通常はモデルの実行開始時に行うので，初期設定アクション(WITNESS のメニューの[モデル]-[初期設定アクション])で設定を行う．

表 10.5.6　式の記述例

例１）マシンが処理を行った回数を変数 VAR1 を使って数えたい場合は，マシンの処理開始時アクションに以下を記述する．

VAR1 = VAR1+1

※元の VAR1 の値に 1 追加した値を，新たな VAR1 の値として代入している．

例２）マシンのサイクルを平均値 15，標準偏差 1.5 の正規分布に従ってランダムに変化させたい場合は，マシンの詳細設定ダイアログのサイクルタイムを，正規分布のシステム関数 NORMAL(*平均値,標準偏差*)を使って以下のように記述する．

> サイクルタイム(E):
> Normal(15, 1.5)

　ファイルへのデータの出力は，ユーザアクション（WITNESS のメニューの[モデル]-[ユーザアクション]）で設定を行うと，任意のタイミングで出力を行うことができる（メニューの[実行]-[ユーザアクションの実行]を選択して実行する）．

（２）Excel ファイルを使用してデータを入出力する方法

　Excel ファイルから値を入力する際は，以下のように設定する．
1. 入力するセルの個数以上の数量の変数を用意する．
2. アクションで Excel ファイルからの入力用のシステム関数を使って読み込んだ値を変数に格納する（アクションの記述例は表 10.5.7 を参照）．

　Excel ファイルに値を出力する際は，以下のように設定する．
1. 変数エレメントを定義し，Excel ファイルに書き出す値を格納しておく．
2. アクションで出力用のシステム関数を使って変数の値を Excel ファイルに書き出す（記述例は表 10.5.8 参照）．

表 10.5.7　Excel ファイルから値を入力するアクションの記述例

モデルを実行開始した時に，モデルと同じフォルダにある"Book1.xlsx"という Excel ファイルのワークシート"Sheet1"のセル範囲 A1:B5 から読み取った値を，数量 5,2（5 行 2 列)の変数 Var1 に格納する場合は，モデルの初期設定アクションに以下のように記述する．

　XLReadArray("Book1.xlsx","Sheet1","$A$1:$B$5",Var1,1)

※XLReadArray 関数は XLReadArray (*Excel ファイル名，ワークシート名,セル範囲, 変数名, 行列のオプション*)の書式で記述する．このうち*行列のオプション*は，1 ならばセル範囲の 1 行目の値を変数の 1行目に与え，0 ならセル範囲の 1 行目の値を変数の 1列目に与える．

表 10.5.8　Excel ファイルへ値を出力するアクションの記述例

モデルの実行結果を格納した数量 5,2 (5 行 2 列)の変数 Var1 の値を，C:¥Users¥user1 というフォルダにある Book1.xlsx"という Excel ファイルのワークシート"Sheet1"のセル範囲 A1:E2 に書き出す場合は，モデルのユーザーアクション(メニューの[モデル]−[ユーザーアクション])に以下のように記述してからモデルを実行し，停止してからユーザーアクションを実行(メニューの[実行]−[ユーザーアクションの実行])する．

```
XLWriteArray("C:¥Users¥user1¥ Book1.xlsx","Sheet1","$A$1:$E$2",Var
1,0)
```

（3）テキストファイルを使用してデータを入出力する方法

テキストファイルから値を入力する際は，以下のように設定する．

1. 読み込み用のファイルエレメントを定義する（図 10.5.1）．ファイルエレメントの詳細設定ダイアログで，実ファイル名にテキストファイルのファイル名を指定する（図 10.5.2）．

2. 実ファイルから読み込んだ値を格納するための変数またはアトリビュートエレメントを定義する．

3. アクションで「**READ** *ファイルエレメント名　変数名またはアトリビュート名，変数名またはアトリビュート名，…*」と記述する（記述例は表 10.5.9 参照）．

図 10.5.1　読み込み用のファイルエ　　図 10.5.2　ファイルエレメントの詳細
レメントの定義ダイアログ　　　　設定ダイアログの実ファイル名

表 10.5.9　テキストファイルから値を入力するアクションの記述例

モデルを実行開始した時に，モデルと同じフォルダにある"sample.txt"というテキストファイルから読込用ファイルエレメント FILE1 を介して値を読み取り，変数 VAR1 と VAR2 に格納する場合は，ファイルエレメントの FILE1 の詳細設定ダイアログで実ファイル名を sample1.txt とし，モデルの初期設定アクションに以下のように記述する．

```
READ FILE1 VAR1,VAR2
```

テキストファイルに値を出力する際は，以下のように設定する．

1. 書き込み用のファイルエレメントを定義する．ファイルエレメントの詳細設定の実ファイル名には，テキストファイルのファイル名を指定する．
2. アクションに「WRITE *ファイルエレメント名　出力内容*」と記述する（記述例は表 10.5.10 参照）．

表 10.5.10　テキストファイルへ値を出力するアクションの記述例

「結果：」という文字列とモデルの実行結果を格納した変数 VAR1，VAR2 の値を，書き込み用ファイルエレメント FILE2 を介してテキストファイルに書き出す場合は，モデルのユーザーアクション(メニューの[モデル]−[ユーザーアクション])に以下のように記述してからモデルを実行し，停止してからユーザーアクションを実行(メニューの[実行]−[ユーザーアクションの実行])する．

```
WRITE FILE2 "結果：",VAR1,VAR2
```

10.5.4　確率密度分布
（1）乱数の発生法の種類

　ダイアログやアクションに記述する式の値をランダムに変化させるには，乱数を発生させる必要がある．

　WITNESS では，確率分布関数を使う方法と，確率分布エレメントを使う方法の 2 通りで疑似乱数を発生させることができる．理論的な確率分布から乱数を発生させる場合は前者，測定値などに基づきユーザー独自の分布を定義して発生させる場合は後者を使用する．

（2）確率分布関数を用いて乱数を発生させる方法

　代表的な確率分布関数を表 10.5.11 に示す．また，確率分布関数の使用例を表 10.5.12 と表 10.5.13 に示す．

表 10.5.11　代表的な確率分布関数

関数	型	説明	記載例と意味
RANDOM	実数	0.0 から 1.0 までの一様分布	RANDOM() 0.0 から 1.0 までの実数を一様分布で発生させる
IUNIFORM	整数	指定された範囲の一様分布（整数）	IUNIFORM(1,30) 1以上30以下の整数を一様分布で発生させる
UNIFORM	実数	指定された範囲の一様分布（実数）	UNIFORM(1.0,30.0) 1以上30以下の実数を一様分布で発生させる

TRIANGLE	実数	三角分布	TRIANGLE(1,3,5) 最小値 1,最頻値 3,最大値 5 の実数を三角分布で発生させる
NORMAL	実数	正規分布	NORMAL(15,1.5) 平均値 15, 標準偏差 1.5 の実数を正規分布で発生させる
NEGEXP	実数	指数分布	NEGEXP(15) 平均値 15 の実数を指数分布で発生させる
LOGNORML	実数	対数正規分布	LOGNORML(1,0,0.5) 平均値 1, 標準偏差 0.5 の実数を対数正規分布で発生させる
POISSON	整数	ポアソン分布	POISSON(3) 平均値 3 の整数をポアソン分布で発生させる
ERLANG	実数	アーラン分布	ERLANG(15,2) 平均値 15, 形状母数 2 の実数をアーラン分布で発生させる ※形状母数が **1** ならアーラン分布は指数分布と同じになる．**2** 以上なら左側に偏った釣鐘状の分布になる

表 10.5.12　確率分布関数の使用例 1

例 1 ）マシンの処理時間が，平均 10 分の指数分布に従う場合，マシンのサイクルタイムに NEGEXP(10) と入力する

例 2 ）マシンの故障間隔が，最小値 5 分，最頻値 8 分，最大値 10 分の三角分布に従う場合，マシンの故障発生間隔に TRIANGLE(5,8,10) と入力する

表 10.5.13　確率分布関数の使用例 2

あるマシンから，以下のようにパーツを出したいとする．

不合格は 30％の確率で発生する．不合格ならば，バッファ BUF1 に，それ以外（合格）の場合は BUF2 へパーツを出す．

マシンのアウトプットルールは以下のように記述できる．

```
IF RANDOM() <= 0.3
    PUSH to BUF1
ELSE
    PUSH to BUF2
ENDIF
```

（3）確率分布エレメントを用いて乱数を発生させる方法

　ユーザー固有の確率分布を定義し，その確率分布からサンプルを抽出したい場合は，確率分布エレメントを使用する．確率分布エレメントの型は，整数型，実数型，名前型から，分布の種類は離散分布（連続的ではない，飛び飛びの値だけを返す）または連続分布（指定した範囲内のどんな値も返す可能性がある）から指定する．

　図 10.5.3 は，観測で得られたデータの，0〜10 が 2 回，10〜25 が 10 回，25〜35 が 15 回，50〜60 が 9 回という分布に合わせて，連続的な実数で疑似乱数を発生させる場合の例である．

図 10.5.3　確率分布関数の詳細設定ダイアログの例

（4）乱数系列

　乱数系列とは，擬似乱数列の番号である．WITNESS 含むシミュレーションでは，真の乱数ではなく，疑似乱数列を使った確定的な乱数を利用することが多い．

　確率分布関数や確率分布エレメントでは，乱数系列を指定すると，結果に再現性を持たせることができる．逆に乱数系列の指定を省略すると，自動的に乱数系列が割り当てられるため，モデルを変更したときなどに自動的に乱数系列が再割り当てされてシミュレーション結果が変わることがある．

　なお，乱数系列は，モデル内の複数個所で重複して使用することがないよう注意する．重複すると，本来ならば独立に発生する事象が，そうでなくなってしまうからである．

　表 10.5.14 は，乱数系列の指定例である．

表 10.5.14　乱数系列の指定例

乱数系列 3 を指定して，0.0 から 1.0 までの実数を一様分布で発生させ，マシンの処理時間として与えたい場合は，マシンのサイクルタイムに RANDOM (3) と記述する．

10.5.5　エレメントの統計量
（1）統計量の収集方法

WITNESS の離散系エレメントまたは連続系エレメントは，モデル実行時に自動的に統計量が収集される．これを標準レポート機能と呼ぶ．

統計量は，エレメントを右クリックして[統計量]を選択すると画面上に表示できるほか，関数で取得することもできる．主なエレメントの標準レポート機能で収集される統計量を，以下で説明する．

この他にも，変数や各種状態関数を組み合わせることで，標準レポート機能にない様々な統計量を収集することができる．

（2）パーツの統計量

パーツの標準レポート機能で収集される統計量を表 10.5.15 に示す．ここで W.I.P. は，Work In Process の略であり，仕掛品や中間在庫などの意味を持つ．その他，変数や各種状態関数を組み合わせることで，モデル内におけるパーツの様々な統計量を収集できる．

表 10.5.15　パーツの統計量

項目	内容
入荷数	モデル内に発生したパーツ数の合計
出荷数	モデル外へ SHIP したパーツ数の合計
スクラップ数	スクラップされたパーツ数の合計
アセンブリ数	組立マシンで組立てられたパーツ数の合計
リジェクト数	モデル内に発生できずリジェクトされたパーツ数の合計
現在 W.I.P.	現時点でモデル内に存在するパーツ数，仕掛数
平均 W.I.P.	現時点までモデル内に存在したパーツの平均個数
平均時間	パーツがモデル内に存在した平均時間
シグマレート値	パーツのシックスシグマレート値

（3）バッファの統計量

バッファの標準レポート機能で収集される統計量を，表 10.5.16 に示す．

（4）マシンの統計量

マシンの標準レポート機能で収集される統計量を，表 10.5.17 に示す．

項目の表示「％」は，シミュレーション開始から終了までの時間長（以下，「シミュレーション時間」という）に対する割合を表す．例えば，「％アイドル」の値は，

（アイドル状態だった時間／シミュレーション時間）×100

である．

表 10.5.16　バッファの統計量

項目	内容
累計入数	バッファに入ったパーツの総数
累計出数	バッファから出たパーツの総数
最大	一度にバッファ内に滞在したパーツの最大数
最小	一度にバッファ内に滞在したパーツの最小数
平均個数	バッファ内の平均パーツ滞在数
平均時間	バッファ内の平均パーツ滞在時間
遅延後の平均個数	バッファの遅延時間を設定した場合の，遅延時間の経過後もバッファに滞在した平均パーツ数
遅延後の平均時間	バッファの遅延時間を設定した場合の，遅延時間の経過後もバッファに滞在した平均パーツ滞在時間
オフシフト	バッファの遅延時間を設定した場合の，バッファがオフシフトで過ごした時間の割合

表 10.5.17　マシンの統計量

項目	内容
％アイドル	パーツを待っていた時間の割合
％稼働	処理を行っていた時間の割合
％注入	パーツに流体を注入していた時間の割合(注 1)
％抽出	パーツから流体を抽出していた時間の割合(注 1)
％停止　ブロック	ブロック状態(パーツを出そうとしているのに出せない状態)で停止していた時間の割合(注 2)
％待ち　処理	処理に必要なレイバーを待っていた時間の割合
％停止　段取り替え	段取替を行っていた時間の割合
％待ち　段取り替え	段取り替えに必要なレイバーを待っていた時間の割合
％停止　故障	故障していた時間の割合
％待ち　修理	故障からの回復作業に必要なレイバーを待っていた時間の割合
処理回数	処理を完了した回数
オフシフト	業務時間外(以下，「オフシフト」)だった時間の割合

（5）レイバーの統計量

　レイバーの標準レポート機能で収集される統計量を，表 10.5.18 に示す．

　項目の「％」はシミュレーション時間に対する割合を表す．例えば，「％稼働」は，

（レイバーが使用されていた時間／シミュレーション時間）×100

である．

表 10.5.18　レイバーの統計量

項目	内容
%稼働	レイバーが使用されていた時間の割合
%アイドル	レイバーがジョブ待ち状態であった時間の割合
開始ジョブ数	レイバーが作業を開始したジョブ数
終了ジョブ数	レイバーが作業を完了したジョブ数
現在ジョブ数	レイバーが現在作業中のジョブ数
割込ジョブ数	オフシフトや割込み取得によって中断されたジョブ数
平均ジョブタイム	1ジョブ当たりの平均時間
オフシフト	レイバーがオフシフトであった時間の割合

第１１章　WITNESS の活用事例

　本章の目的は，シミュレーションソフト「WITNESS」の活用事例とサンプルモデルを紹介することである．

　そこで本章では，6 つのシチュエーション（生産，ヘルスケア，食品工場，港湾荷役ターミナル，鉱山，レジ）での活用事例とサンプルモデルを紹介する．

１１．１　生産システム

11.1.1　事例

（１）問題定義

1）事例の概要

　本事例は，FMS の能力検証の事例である．

　FMS（Flexible Manufacturing System）とは，多品種・小ロット生産に対応できる柔軟な生産システムである．生産ラインは特定の製品に固定せず，柔軟性を持たせた生産の自動化が進められている．

　本システムは，AGV を用いて工程間の部品搬送を行う FMS である．AGV（Auto Guided Vehicle：自動搬送車）とは，軌道上を無人で自動的に部品搬送する車両である（図 11.1.1）．

　本システムにおける生産の流れは，次のとおりである．

　ワークが前工程から 90 分毎に 5 ロットずつ投入される．ワークは 2 種類あり，それぞれ表 11.1.10 に示す工程順に 1 ロットずつ処理される．例えば，ワーク 1 は，工程 1→2→3→4→5→3 という順序で処理され，各工程での処理時間はそれぞれ 25,

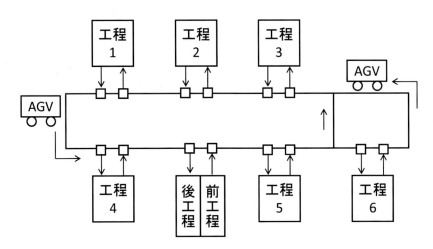

図 11.1.1　FMS の概略図

表 11.1.1　製品毎処理工程

処理順序	ワーク1		ワーク2	
	工程No.	処理時間(min)	工程No.	処理時間(min)
1	1	25	1	25
2	2	35	2	35
3	3	30	3	30
4	4	25	4	25
5	5	35	6	35
6	3	35	5	40

35, 30, 25, 35, 35 分となる（表 11.1.1）．このワークは自動搬送車（自動運搬台車，AGV：）へ1ロットずつ積込まれ，走路上を内回り1周24分，外回り1周28分で運搬する．ワークは定められた順序で工程へ運ばれ，自動搬送車から工程入口部分の仮置場へ払出される．そして，工程内の設備によって処理され，工程出口部分の仮置場へ払出される．工程出入口部分の仮置場は，すべて5ロットのワークを保管できる容量を有している．ワークは指示されたすべての工程で処理されるために，再び自動搬送車によって次の工程へ運搬される．全工程の処理が完了したワークは後工程へ出荷される．

2）シミュレーションの目的と検討項目

　シミュレーションの目的は，2日間（48時間）で60ロット以上の製品を出荷するために必要な製造ラインの能力を検討することである．このために，まず，工程間を搬送する自動搬送車の必要台数を検討する．次に，工程内の設備台数と工程のレイアウトを変更することにより，生産システム全体の処理能力，効率の向上に寄与できるか検討する．

（2）モデルの構築
1）モデルの構築

　解析対象事例について，第6章に示した基本モデルを適用しモデリングを行った．加工されるワークはパーツのモデル，工程はサービス（マシン）のモデルとその前後に部品の仮置場となるバッファのモデルが組合わされ，自動搬送車は運搬のモデル，走路はそのもののモデルである．

　シミュレーションにおけるワーク（パーツのモデル）の流れは，次のように設定する．前工程からワークが前詰型のコンベアへ適宜供給される．このワークが自動搬送車へ1ロットずつ積込まれ，走路上を内回りあるいは外回りのルートで運搬する．ワークは定められた順序で工程へ運ばれ，自動搬送車から工程入口部分の仮置場へ払出される．工程内では設備が入口部分の仮置場からワークを引取り，処理した後に，出口部分の仮置場へ払出す．払出されたワークは自動搬送車へ1ロットずつ積込まれ，指定された次の工程へ搬送される．指定されたすべての工程で処理されたワークは，

自動搬送車へ積込まれ，後工程へ続く前詰型のコンベアへ払出される．

図 11.1.2 はシミュレーション実行画面の一例である．

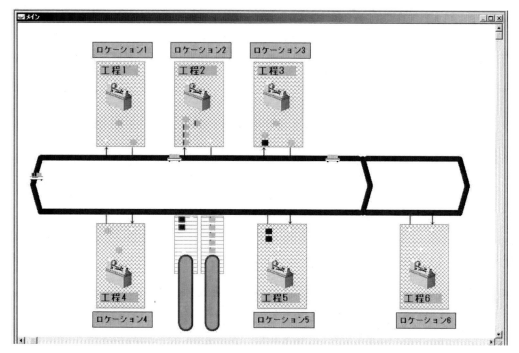

図 11.1.2　シミュレーション実行画面

２）モデルの検証

自動搬送車の台数を１台から５台まで変化させてシミュレーションを実施し，出荷数にどのように影響するのか解析した．工程の配置は図 11.1.2 の通りで，各工程内の設備台数は１台ずつとする．解析時間は２日間（2,880 分）である．

（３）シミュレーションの実行
１）自動搬送車の台数の検討

シミュレーション結果を表 11.1.2 に示した．ここでは移載時間と運搬時間を稼働状態として自動搬送車の稼働率を計算した．この結果から，単純に自動搬送車の台数を増やしても出荷数は 40 ロット以上にはならないことがわかる．自動搬送車を３台以上とすると，ワークを積載したまま渋滞だけが増加している状況である．

表 11.1.3 と図 11.1.3 に自動搬送車の台数が５台の場合のシミュレーション結果を工程ごとに示す．平均滞留数と平均待ち時間は，工程ごとのワークの滞留数と工程入口部分の仮置場での作業待ち時間を意味する．

表 11.1.2　自動搬送車の台数をパラメータにしたシミュレーションの結果

AGV台数 （台）	出荷ロット数 （ロット）	AGV平均稼働率 （%）	AGV渋滞率 （%）
1	15	99.34	0.00
2	35	97.52	0.07
3	40	99.71	7.27
4	40	99.79	22.50
5	40	98.56	35.61

表 11.1.3　自動搬送車 5 台のときの工程稼働状況

工程No.	平均稼働率 （%）	平均滞留数 （個）	平均待ち時間 （min）
1	48.37	0.19	9.08
2	66.39	0.40	19.10
3	96.88	4.98	143.56
4	53.82	0.02	0.76
5	81.32	0.77	34.45
6	37.88	0.06	5.31

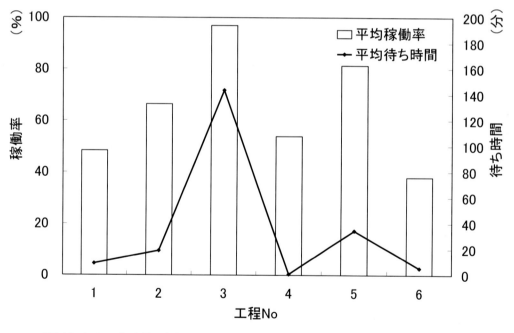

図 11.1.3　自動搬送車 5 台のときの工程稼働率とワークの待ち時間

2）工程内設備の台数の検討

　図 11.1.3 から工程 3 の待ち時間が大きいことがわかった．そこで，工程 3 の設備を 1 台増設し 2 台として，自動搬送車の台数を 1 台から 5 台まで変化させてシミュレ

ーションを実施し，出荷数にどのように影響するのか解析した．

　シミュレーション結果を表11.1.4に示す．この結果から，工程3の設備を1台増設したことで，出荷数も55ロットとなり向上した．自動搬送車については，先の検討と同様に3台以上ではワークを積載したまま渋滞だけが増加している状況である．

　表11.1.5と図11.1.4に自動搬送車の台数が5台の場合のシミュレーション結果を工程ごとに示す．

表11.1.4　工程内設備を増設したシミュレーションの結果

AGV台数 （台）	出荷ロット数 （ロット）	AGV平均稼働率 （%）	AGV渋滞率 （%）
1	15	99.34	0.00
2	35	99.65	0.30
3	55	100.00	0.47
4	55	98.55	9.63
5	55	99.31	23.62

表11.1.5　工程内設備を増設し自動搬送車5台のときの工程稼働状況

工程No.	平均稼働率 （%）	平均滞留数 （個）	平均待ち時間 （min）
1	67.74	0.80	28.23
2	97.22	3.54	115.94
3	62.99	0.18	4.40
4	66.25	0.49	17.97
5	97.43	4.64	159.02
6	46.01	0.33	23.45

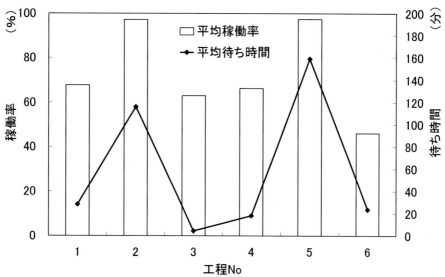

図11.1.4　設備を増設し自動搬送車5台のときの工程稼稼働とワークの待ち時間

3）工程のレイアウトの検討

　目標の出荷数は 60 ロットであるので，これまでの検討ではシミュレーションの目的を達成していない．工程 2 や工程 5 の設備を増設すれば出荷数 60 ロットを超えると想定できる．現時点のシステム設計で 55 ロットの出荷が可能である．目標の 60 ロットまで，わずか 5 ロット程度であるにもかかわらず，設備を増設することは望ましいことではないかもしれない．そこで，工程のレイアウトの変更により，目標までの残り 5 ロット分の効率を上げることを検討した．これまでの検討の経緯から，自動搬送車の台数は 3 台とする．

　6 つの工程のレイアウトの組合せは 6 の階乗で 720 通り存在する．これらすべての工程レイアウトについてシミュレーションした結果，出荷ロット数が 60 となるレイアウトが 2 ケース存在した．気の遠くなるシミュレーションによる作業であるが，WITNESS では，Experimenter のような最適化ツールが用意され，これらを使用することで，膨大な入力データの組合せに基づくシミュレーション解析を自動で行うことができる．

　出荷ロット数が 60 となるレイアウトが 2 つ存在したが，第 1 のケースは前工程の右から順に工程を 1，2，3，4，5，6 と配置するものであり，第 2 のケースは図 11.1.5 に示すとおり，前工程の右から順に工程を 1，2，3，6，4，5 と配置するものであった．また，この第 2 のケースの各工程の稼働状況を表 11.1.6 と図 11.1.6 に示す．自動搬送車の台数を 3 台，工程 3 の設備を 2 台に増設し，工程の配置を工夫すれば，48 時間で 60 ロットの製品を出荷できることがわかった．

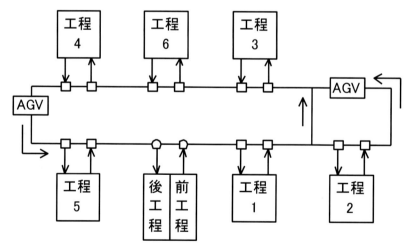

図 11.1.5　48 時間で 60 ロットの製品を出荷できる工程配置

表 11.1.6　48 時間で 60 ロットの製品を出荷できる工程の稼働状況

工程No.	平均稼働率（%）	平均滞留数（個）	平均待ち時間（min）
1	79.18	1.83	56.64
2	95.36	4.32	148.24
3	60.96	0.10	2.53
4	63.37	0.12	4.77
5	85.05	1.01	42.68
6	42.53	0.27	22.16

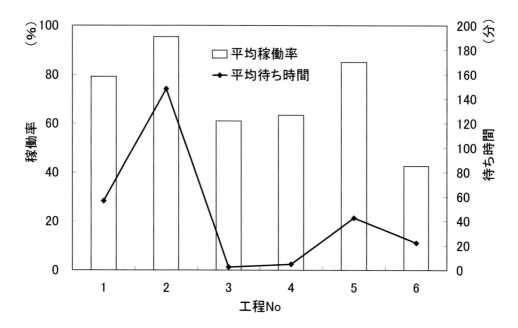

図 11.1.6　48 時間で 60 ロットの製品を出荷できる工程の稼働率と
ワークの待ち時間

11.1.2　サンプルモデル

（1）問題定義

　3 つのバッファ（バッファ 1, バッファ 2, バッファ 3），3 つのマシン（マシン 1,
マシン 2, マシン 3）で構成される生産ラインがある（図 11.1.7）.

　部品 P は 10 分間隔で 1 個到着し，バッファ 1 へ投入される. 部品 P は，マシン
1, マシン 2, マシン 3 の順で加工される. 各マシンは上流のバッファから部品 P を
取出し，下流のバッファへ投入する. ただし，マシン 3 の加工が終了すると製品とし
て出荷する.

　表 11.1.7 は，システムに含まれる要素と設定する条件を示したものである.

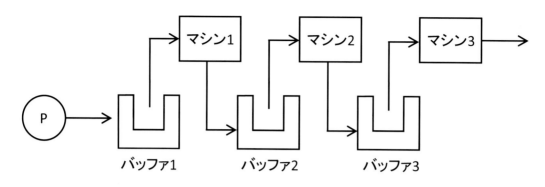

図 11.1.7　システムの概略

表 11.1.7　システムに含まれる要素と設定条件

システムの要素	条件
部品（製品）	バッファ 1 へ 10 分間隔で 1 個到着．1,000 個到着するまで実行する
マシン 1	加工時間 10 分
マシン 2	加工時間平均 8 分の指数分布
マシン 3	加工時間 8 分
バッファ 1	容量 10 個
バッファ 2	容量 10 個
バッファ 3	容量 10 個

（2）モデルの構築

1）エレメントの選定と表示

　対象システムの構成要素を，WITNESS のどのエレメントで表現するかを決定する．ここでは，表 11.1.8 のように対応させることとする．

　図 11.1.8 に示すように，WITNESS のデザイナーエレメントウィンドウから，エレメントをシミュレーションウィンドウへ配置し，エレメント名を変更する．

表 11.1.8　システムに含まれる要素と表現するエレメント

システムの構成要素	エレメントの種類	エレメント名
部品（製品）	パーツ	製品
マシン 1	マシン	マシン 001
マシン 2	マシン	マシン 002
マシン 3	マシン	マシン 003
バッファ 1	バッファ	バッファ 001
バッファ 2	バッファ	バッファ 002
バッファ 3	バッファ	バッファ 003

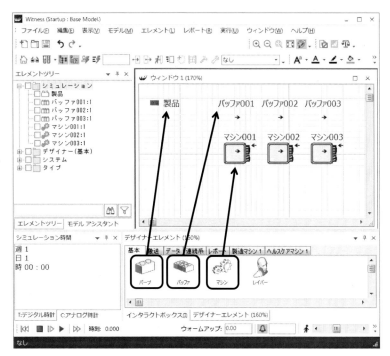

図 11.1.8　エレメントの配置

２）エレメントの詳細設定
①エレメントの詳細設定の種類

　エレメントの詳細設定では，ルールによるモノの流れの設定と，処理時間や故障といった属性の設定を行う．

②ルールの設定

i)[製品]を[バッファ 001]へ投入する

　図 11.1.9 に示すように，シミュレーション画面上の[製品]を選択し，ビジュアルアウトプットルールボタン ⤵ をクリックする．すると，「能動的な到着に書換えられますがかまいませんか？」という警告メッセージが出力されるが，[はい]をクリックして続けると，ビジュアルアウトプットルールの設定ダイアログが表示される．[製品]の投入先は[バッファ 1]なので，シミュレーションウィンドウ上で[バッファ 1]をクリックし，設定ダイアログでボタン[OK]をクリックする．以上の操作で，[製品]に，アウトプットルール「PUSH to バッファ 001」が設定される．

　ルールを示す矢印が表示されていない場合，[表示]－[エレメントフロー]を選択すると，図 11.1.10 に示すように画面上に矢印を表示することができる．

　[製品]のアウトプットルールが正しく設定されていることを確認するには，[製品]をダブルクリックして詳細設定ダイアログを開き，ボタン[To]をクリックして，アウトプットルールが「PUSH to バッファ 001」と設定されていることを確認する（図11.1.11）．

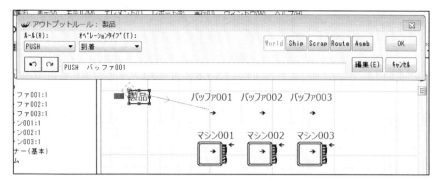

図 11.1.9　ビジュアルアウトプットルール画面

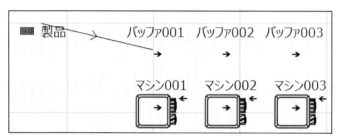

図 11.1.10　エレメントフロー

図 11.1.11　［製品］の詳細設定ダイアログのボタン[To]

ii)[マシン 001]が[バッファ 001]からパーツを引き出す

　　[マシン 001]を選択し，ビジュアルインプットルールボタン⊞ をクリックする．すると，ビジュアルインプットルールの設定ダイアログが表示される．[マシン 001]は

[バッファ 001]からパーツを引き出すので，シミュレーションウィンドウ上で[バッファ 001]をクリックし，設定ダイアログでボタン[OK]をクリックする．以上の操作で，[マシン 001]に，インプットルール「PULL from バッファ 001」が設定される（図11.1.12）．

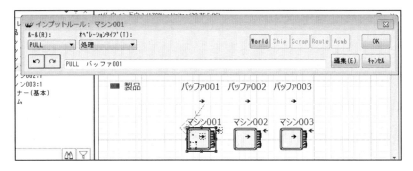

図 11.1.12　ビジュアルインプットルール画面

> ※ルールを設定するエレメントの選び方
>
> 　ルールは，モノを動かすエレメントに設定する．
>
> 　例えば，この例では[バッファ 001]から[マシン 001]へ[製品]を移動させるには，[バッファ 001] からパーツを引き出すように[マシン 001]のインプットルールを設定する．[マシン 001]に[製品]を投入するように[バッファ 001]を設定するのではない．なぜなら，バッファ（倉庫，棚など，モノを置いておく場所）のモノの出し入れは，通常，バッファ自身ではなく他が行うからである．

iii)マシンやバッファの間を順にパーツを移動させる

　ii)と同様に，次の設定を行う．

- ・[マシン 001]が[バッファ 002]へパーツを払出す（アウトプットルール）
- ・[マシン 002]が[バッファ 002]からパーツを引き出す（インプットルール）
- ・[マシン 002]が[バッファ 003]へパーツを払出す（アウトプットルール）
- ・[マシン 003]が[バッファ 003]からパーツを引き出す（インプットルール）

iv)[マシン 003]からモデル外へパーツを払い出す

　パーツをモデル外へ払出すには，図 11.1.13 に示すように，ビジュアルアウトプットダイアログ上にある ボタン[SHIP]をクリックする．

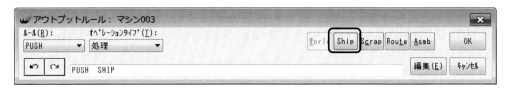

図 11.1.13　パーツをシステム外へ払出す操作

　以上の操作で，[マシン003]に，アウトプットルール「PUSH SHIP」が設定される
（図 11.1.14）．

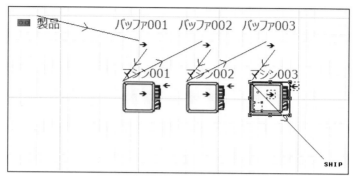

図 11.1.14　ルールを設定した後の表示

②エレメントの属性の設定
i）[製品]の詳細設定
　[製品]をダブルクリックして詳細設定ダイアログを開く（図 11.1.15）．
　到着時間間隔に「10」と入力する．[To]の部分には，先ほどビジュアルアウトプッ
トルールで設定した内容が自動的に書込まれている．パーツの名前は，ダイアログの
名前の部分を修正すれば変更できる．
　[製品]を 1,000 個出荷するまでシミュレーションを行うため，図 11.1.15 に示した
ように最大到着数に「1000」を入力する．なお，最大到着数を設定せずに，表 11.1.9
を退去時アクションに記述してもほぼ同様の結果となる．

図 11.1.15　パーツの詳細設定

表 11.1.9　シミュレーションの終了条件の記述例

```
IF NSHIP(製品) = 1000
    STOP
ENDIF
```

ii)バッファの詳細設定

　[バッファ 001]から[バッファ 003]の詳細設定画面を開き，容量をそれぞれ「10」と入力する．図 11.1.16 はバッファの詳細設定画面である．

iii)マシンの詳細設定

　マシンの詳細設定画面を開き，[マシン 001]のサイクルタイムには「10」，[マシン 003]のサイクルタイムには「8」と入力する．また，[マシン 002]のサイクルタイムには平均 8 分の指数分布になるように，「NEGEXP(8.0,100)」と入力する（図 11.1.17）．ここで，100 は乱数系列番号である．[製品]と同様に，[To] および [From]部分には，ビジュアルインプット，アウトプットルールで作成されたルールが記述されている．

　以上でエレメントの詳細設定がすべて完了となる．マシンやバッファのアイコン，パーツのスタイルなどの表示設定は任意に変更できる．

図 11.1.16　バッファの詳細設定

図 11.1.17　マシンの詳細設定画面

２）モデルの検証

　エレメントの詳細設定が完了すれば，すぐにシミュレーションを実行できる．シミュレーションの実行は，メニューの[実行]から各コマンドを選択するか，実行ツールバーを使用する．

　ボタン[ラン実行]をクリックすると，シミュレーションが開始される．図11.1.18に，シミュレーションの実行中のシミュレーションウィンドウの様子を示す．

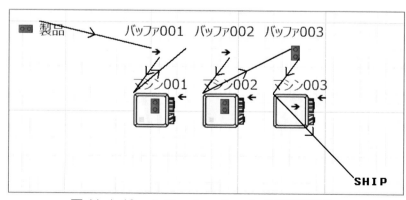

図 11.1.18　シミュレーションの実行画面

（３）シミュレーションの実行
１）動作確認

　シミュレーション実行後，シミュレーション結果を確認する．

　この事例では，[製品]を 1,000 個システム外へ払出し（SHIP）すると発生イベントが無くなり，シミュレーションが自動的に停止する．その時点の時刻が，1,000 個パーツを出荷するのにかかった時間，すなわち生産時間になる．[マシン 002]のサイクルタイムの指数分布において，ユーザーが図 11.1.17 の通りの乱数系列番号 100 を指定した場合の停止時刻は時刻 10,029.626（分）である（図 11.1.19）．

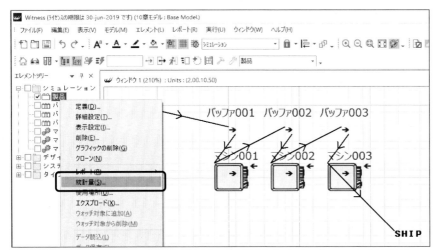

図 11.1.19　統計量出力とパーツの統計量

３）バッファの統計量

　3 つのバッファを一つの画面で表示させるためにエレメントツリーの[バッファ001]から[バッファ 003]の前の□にチェックを入れてから右クリックし，ショートカットメニューから[統計量]を選択すると，統計量が図 11.1.20 のように表示される．

Witness

名前	バッファ001	バッファ002	バッファ003
累計入数	1000	1000	1000
累計出数	1000	1000	1000
現在数	0	0	0
最大	1	9	7
最小	0	0	0
平均個数	0.00	1.91	0.93
平均時間	0.00	19.14	9.34
遅延後の 平均個数			
遅延後の 平均時間			
最短時間	0.00	0.00	0.00
最長時間	0.00	87.99	48.62

図 11.1.20　バッファの統計量

Witness

名前	マシン001	マシン002	マシン003
%アイドル	0.30	17.66	20.24
%稼働	99.70	82.34	79.76
%注入	0.00	0.00	0.00
%抽出	0.00	0.00	0.00
%停止 ブロック	0.00	0.00	0.00
%待ち 処理	0.00	0.00	0.00
%停止 段取替え	0.00	0.00	0.00
%待ち 段取替え	0.00	0.00	0.00
%停止 故障	0.00	0.00	0.00
%待ち 修理	0.00	0.00	0.00
処理回数	1000	1000	1000

図 11.1.21　マシンの統計量

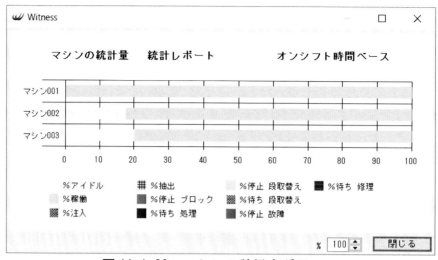

図 11.1.22　マシンの稼働率グラフ

4）マシンの統計量

　バッファ同様，3 つのマシンを 1 つの画面で表示させるため，エレメントツリーの
□ 部分にチェックを入れてから右クリックし，統計量を図 11.1.21 のように表示する．図 11.1.22 に示した項目において「％」と表示されているものは，その値がパーセントで表示されることを意味する．

　ボタン[稼働チャート]をクリックすると，マシンの稼働率をグラフとして図 11.1.22 に示すように表示することができる．

5）シミュレーション解析実験

　4）までに紹介した事例解析の一連の作業を，各バッファの容量を一つずつ変化させて繰り返すことで統計量を調べると，バッファの容量がどのような値にすれば，マシンの稼働率などが最も望ましい値（例：マシンの稼働率をできるだけ高くする）になるかがわかる．

　このようなシミュレーション解析（数値）実験を行う際には，パラメータ入力と結果出力のインターフェイスとして Microsoft Excel を用いれば，実験を行う際の作業効率を大幅に改善することができる．

11．2　ヘルスケア

11.2.1　事例

（1）シミュレーションの目的

　医療機関において，検査待ち時間の削減は受診者へのサービスに大きな付加価値を加える．

　そこで人間ドックや定期健診を行う健診施設を対象に受診者の待ち時間を削減することを目的として，受診者の検査待ち状況をシミュレーションで分析し，次検査を決定する健診順序の適正化手法を構築した．

　なお，本事例は，参考文献 1）を再構成したものである．

（２）システムの概要
　本事例の受診者の検査待ち状況は，バッファ(bf_待合室)におけるパーツ(p_受診者)の滞留で表現される．

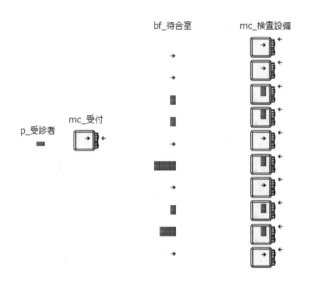

図 11.2.1　システムの概要

（３）シミュレーションの適用
１）現状把握と要件定義
　検査待ち時間は，しばしば受診者が健診施設内に滞在する時間の大きな割合を占める．受診者の健診施設内の滞在時間の約 48%が待ち時間とする調査もある．特に，画像検査の検査待ち時間が長く，滞在時間のうち，超音波検査の待ち時間が約 24%，内視鏡検査の待ち時間が約 14%を占めている（図 11.2.2）．

　これは検査項目により検査時間に大きな隔たりがあり，検査時間が他と比べて長い検査に待ち行列ができやすいためである．

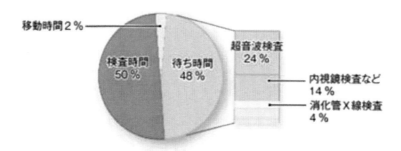

図 11.2.2　待ち時間の割合

２）モデル構築

モデルでは，以下を定義した（表 11.2.1）．

図 11.2.3 は，WITNESS の実行画面である．

表 11.2.1　モデルの定義

i.　受診者到着分布
ii.　各受診者の受診コース（検査項目）
iii.　標準検査時間，標準検査準備時間
iv.　検査間移動時間
v.　検査設備台数
vi.　検査禁忌
vii.　順路決定ロジック 　　ロジック１：順に検査を受ける 　　ロジック２：待ち時間が短い検査から受ける

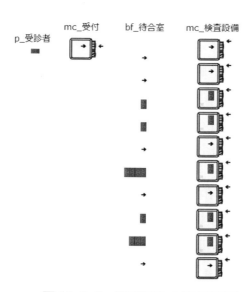

図 11.2.3　WITNESS の実行画面

3）シミュレーションの実行

　検査待ち時間を削減するには，順路の誘導方法と受付時刻のばらつきを抑えることが有効である．そこで，待ち時間が少ない検査に誘導し，ボトルネック検査の空き時間を削減する順路決定ロジックと受付時刻の平準化による影響を検証する．検証にあたっては，健診施設の健診実績データを用いて，受付時刻や順路の異なる4ケースのシミュレーションを行い，検査待ちの人数や待ち時間および健診順路結果を比較した（表11.2.2）．

また，実際の健診施設では交通機関や受診者などによる外乱や設備の稼働状況の影響を考慮して，受付時刻，検査間の移動時間，検査時間にばらつきを与えて繰り返しシミュレーションを実行し，順路決定ロジックのロバスト性を検証した．

表11.2.2　シミュレーションのケース設定

ケース1	実績シミュレーション．受診者の実際の受付時刻と実際の順路でシミュレーションを行う．
ケース2	実際の受付時刻と順路決定ロジック1で定めた順路によるシミュレーションを行う．
ケース3	実際の受付時刻と順路決定ロジック2で定めた順路によるシミュレーションを行う．
ケース4	受付時刻を平準化分散させ，順路決定ロジック2で定めた順路によるシミュレーションを行う．

4）シミュレーション結果

①順路誘導による受診タイミングの分散効果（ケース1〜3の比較）

　ロジック1（ケース2）やロジック2（ケース3）に従って順路を定めることで，実際順路（ケース1）に比べて，ボトルネックとなる検査の受診タイミングが分散された（図11.2.2）．

②順路誘導による待ち時間の短縮効果（ケース1〜3の比較）

　実際の受付時刻で順路だけを変えた場合，実績経路（ケース1）と比較して，ロジック1（ケース2）では待ち時間を35%，ロジック2（ケース3）では待ち時間を40%削減できた（図11.2.3）．

　なお，受付時刻や検査時間等にばらつきを与えても，ロジック1（ケース2）およびロジック2（ケース3）において，受診者の検査待ち時間の平均値に大きな影響は見られなかった．

③順路誘導と受付時間の平準化による待ち時間の短縮効果（ケース1〜4の比較）

　受付時間を平準化しロジック2で順路を決めた場合（ケース4），実績順路（ケース1）と比較して，待ち時間を約82%削減できた（図11.2.4）．

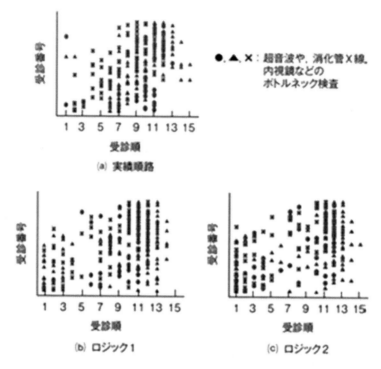

図 11.2.2　ボトルネック検査の受診タイミング

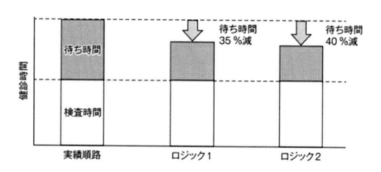

図 11.2.3　待ち時間の削減効果

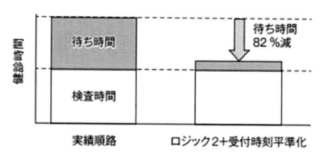

図 11.2.4　受付時刻平準化の効果

（4）解析結果

受診者をボトルネック検査にバランスよく誘導する健診順路の適正化や受付時刻の平準化により，待ち時間を大幅に削減できるめどが得られた．

新人や経験の少ないスタッフでも受診者を適切な順路に誘導できるようにするための健診の順路決定ロジックを定めた．

11.2.2　サンプルモデル

（1）問題

本項では，前項で紹介した事例を簡易化した問題で，モデルの作成手順を説明する．

検診施設に，受付と 10 種類の検査設備があり，受診者は受付を通ってから検査設備に移動する．検査設備は受診者を一人ずつ検査する．検査設備における検査時間長は，検査項目によって異なり，右表に示す通りである．受付にかかる時間は無視できるものとする．

検診の受診者はすべての検査の受診を終えたら検査施設から出ていく．

現在，この検診施設では，8:30, 9:30, 10:30 に 15 人ずつ受診者が受付に来て決まった順番で検査を受けているが，特定の検査項目に長い待ち行列ができて受診者が長時間待たされることがあるのが課題である．対策として，未受診の項目のうち最も待ち行列が短い項目から順に受診するよう，受診順を変更することと，受付時間の平準化を考えた．

上記を踏まえ，シミュレーションで現状と対策実施後の再現を行い，①受診者が検診施設内に滞在した最長時間，②すべての受診者が検査を終えた時刻，③各検査の最長待ち時間を比較し，対策による変化を検証せよ．

表　各検査の検査時間

検査No.	検査時間[分]
1	2
2	2
3	3
4	3
5	2
6	4
7	2
8	3
9	4
10	3

（2）モデルの作成

1）動きを表現すべきモノのモデルへの追加

動きを表現すべきモノに対応するエレメントをデザイナーエレメントからドラッグ＆ドロップしてモデルに追加する．追加したエレメントには，エレメント名と数量を設定する（表 11.2.3，図 11.2.5）．

表 11.2.3　動きを表現するモノ

表現する モノ	エレメントの種類 （エレメント名）	説明
受診者	パーツ（p_受診者）	受診者は検査設備の間を流れていくので，パーツで表現する．数量は 1．
受付	マシン（mc_受付）	受付は受診者の最初の行き先を判断する処理をして移動させるモノなので，マシンで表現する．数量は 1．
検査設備	マシン（mc_検査設備）	検査設備は受診者を処理するモノなので，バッファで表現する．数量は 10．
待合室	バッファ（bf_待合室）	待合室は検査を待つ受診者を溜めておくモノなので，バッファで表現する．数量は 10．

２）受診者の到着の設定

以下の手順で受診者が 8:30, 9:30, 10:30 に 15 個ずつ到着するよう設定する．

なお，パーツの到着の設定方法は，複数の方法があるが，本項ではパーツファイルエレメントを使用する方法を紹介する．

①適当なテキストエディタ（Microsoft Windows のメモ帳等）で，「受診者」の到着時刻と個数を記述したテキストファイルを作成する（図 11.2.6）．

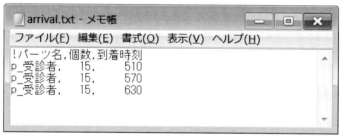

図 11.2.6　パーツファイルの実ファイルの記載例

②デザイナーエレメントの「データ」タブの「パーツファイル」をドラッグ＆ドロップしてパーツファイルエレメントをモデルに追加する（図 11.2.7）．

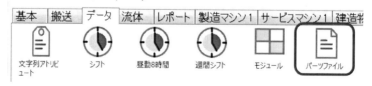

図 11.2.7　デザイナーエレメントの「データ」タブのパーツファイル

③モデルに追加したパーツファイルエレメントを適当な名前（例："pf_到着"）に変更し，詳細設定の「実ファイル名」に①で作成したファイルを指定し，「再スタート」のチェックを外す（図 11.2.8）．

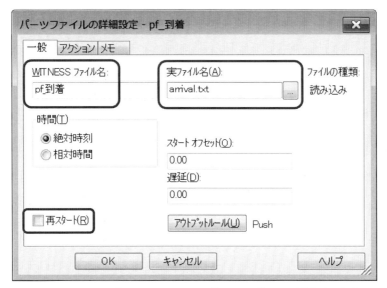

図 11.2.8 パーツファイル「pf_到着」の詳細設定例

④受診者が受付に到着することを表現するため，パーツファイルの「アウトプットルール」を設定する（図 11.2.9）．

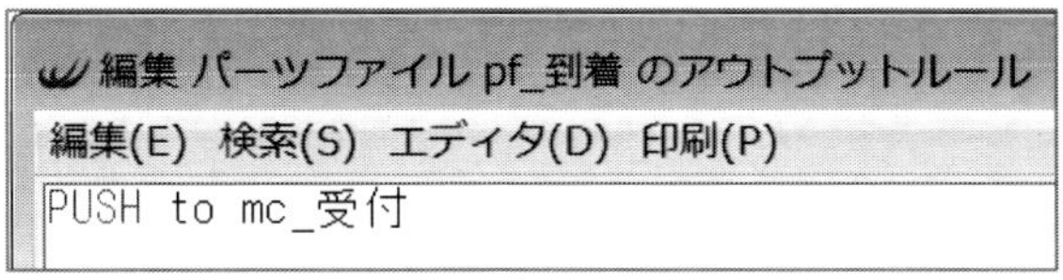

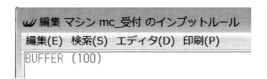

図 11.2.9 パーツファイル「pf_到着」のアウトプットルールの設定例

⑤複数の受診者が同時に受付に到着した時に，受付に受診者を仮置きしておけるよう，受付の「インプットルール」に BUFFER ルールを設定する（図 11.2.10）．

図 11.2.10 マシン「mc_受付」のインプットルールの設定例

3）入力ファイルの作成

　入力ファイルは，Microsoft Excel で作成する（図 11.2.11）.

　入力ファイルの内容は，実行オプションと検査時間（検査ごと．一人当たり）とする．実行オプションとは検査を受ける順序の決定方法を選択するものであり，1 または 2 で設定する．実行オプションは，1 が現状（決まった順に検査を受ける），2 が変更後（待ち時間が短い検査から受診する）を表す.

	A	B	C
1	シミュレーションの入力データ		
2			
3	実行オプション		
4	項目	オプション	備考
5	検査順	1	1: 順に検査を受ける 2: 待ち時間が短い検査から受ける)
6			
7	検査の所要時間（単位：分）		
8	検査No.	所要時間	
9	1	2	
10	2	2	
11	3	3	
12	4	3	
13	5	2	
14	6	4	
15	7	2	
16	8	3	
17	9	4	
18	10	3	

図 11.2.11　入力データを記述した Excel ファイルの例

4）受診者の流れの設定 1（検査の受診状況の記録）

①受診者は未受診の検査を順に受けるので，どの検査が受診済かわかるように記録しておく必要がある．記録先として，整数型のアトリビュートエレメントを次の手順でモデルに追加する.

　・デザイナーエレメントの「データ」タブの「整数アトリビュート」をドラッグ＆ドロップして，整数型のアトリビュートエレメントをモデルに追加する.

　・エレメント名を a_Done とし，検査の種類数に合わせるために数量を 10 とする.

②受診者はすべての検査を受診し終えたら検診施設から出ていくので，すべての検査を受診し終えたことを記録しておくための整数型のアトリビュートエレメントを同様の手順でモデルに追加して，適当な名前（例：a_Finish）をつける（注：数量は 1 とする）.

③検査設備を表すマシンエレメントの終了時アクションで，該当する番号の検査が受診済になったことをアトリビュートに記録する．また，すべての検査が受診済になったかどうかを調べて，アトリビュートに記録する（表 11.2.4）.

表 11.2.4　検査設備を表すマシンエレメントの終了時のアクションの例

```
DIM chkFinish AS INTEGER ! 全検査受診済を示すフラグ
DIM ii AS INTEGER ! ループカウンタ
!
a_Done(N) = 1
!
chkFinish = 1
FOR ii = 1 TO 10
        IF a_Done(ii) = 0
                chkFinish = 0
                GOTO ENDLBL
        ENDIF
NEXT
LABEL ENDLBL

a_Finish = chkFinish
```

5）受診者の流れの設定 2（受付から最初の検査設備に入るまで）

①実行オプションの記録先として，整数型の変数エレメントを次の手順でモデルに追加する．
- デザイナーエレメントの「データ」タブの「整数変数」（図 11.2.12）をドラッグ＆ドロップして，モデルに追加する．
- 適当な名前（例：v_RunOpt）をつける．

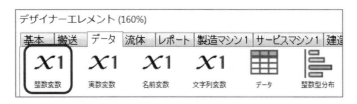

図 11.2.12　デザイナーエレメントの「データ」タブの整数型変数エレメント

②同様に，検査の所要時間を記録しておくための実数型の変数エレメントをモデルに追加して，検査の種類数に合わせるために数量を 10 に変え，適当な名前（例：v_ExamT）をつける．

③モデルの初期設定アクション（メニューの[モデル]−[初期設定アクション]）で，実行オプションと検査の所要時間を入力ファイルから読み込んで変数エレメントに格納するよう設定する（図 11.2.13）．

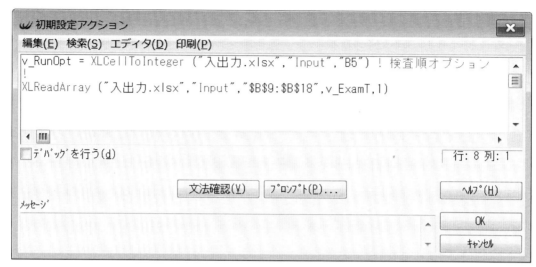

Excel ファイル"入出力.xlsx"のシート"Input"のセル"B5"から読み込んだ整数値を変数 v_RunOpt に格納し，セル範囲"B9:B10"から読み込んだ値を v_ExamT に格納している．

図 11.2.13　初期設定アクションの設定例

④最も待ち時間が短い検査の番号を調べるための関数をモデルに追加するため，デザイナーエレメントの「データ」タブの「関数」をドラッグ＆ドロップして，整数型の関数エレメントをモデルに追加し，適当な名前(例：f_EmptyExNo)をつける．

⑤作成した関数エレメントに，待ち時間が最短の検査の番号を返すアクションを設定する．以下の例では，未受診の検査のうちで，待ち時間が最短の検査の番号を返すようにした（1番目に受けるべき検査を調べるだけならば，対象を「未受診」とする必要はないが，2番目以降の検査を調べる時も同じ関数が使えるようにするため，「未受診」という条件を追加した）（表 11.2.5）．

表 11.2.5　待ち時間が最短の検査の番号を取得する関数のアクションの例

```
! 未受診の検査のうちで，待ち時間が最短の検査の番号を調べる
!
DIM t AS REAL ! 検査待ち時間
DIM mint AS REAL ! 最短の検査待ち時間
DIM ii AS INTEGER ! ループカウンタ
DIM rslt AS INTEGER !
!
mint = 9999
FOR ii = 1 TO 10
        IF  a_Done(ii) = 1
```

```
            GOTO loopend
        ENDIF
!

        t = NParts (bf_待合室(ii)) * v_ExamT(ii)
        IF t < mint
                mint = t
                rslt = ii
        ENDIF
!

        LABEL loopend
NEXT
!
RETURN rslt
```

⑥受付を表すマシンエレメント"mc_受付"のアウトプットルールを，実行オプション
　が 1(現状)なら 1 番目の検査設備の待合室に，2(変更後)なら待ち時間が最短の検査
　設備の待合室にパーツを出すように設定する（表 11.2.6）.

表 11.2.6　受付を表すマシン「mc_受付」のアウトプットルールの例

```
IF v_RunOpt = 1
        PUSH to bf_待合室(1)
ELSEIF v_RunOpt = 2
        PUSH to bf_待合室(f_EmptyExNo ())
ELSE
        Wait
ENDIF
```

6）受診者の流れの設定 3（検査設備を回り検査施設の外へ出るまで）

①検査設備が待合室から受診者を引き込む流れを表すよう，検査設備を表すマシンの
　インプットルールを設定する（表 11.2.7）.

表 11.2.7　検査設備を表すマシン「mc_検査設備」のインプットルールの例

```
PULL from bf_待合室(N)
```

注) N はシステム変数で，ルールやアクションを実行したエレメントのインデックス番号を返
　　す．上記の例では，このシステム変数 N を使ってインデックス番号を設定することで，mc_
　　検査設備(1)は bf_待合室(1)から，mc_検査設備(2)は bf_待合室(2)からパーツを引き込むとい
　　った動きを表現している.

②受診者の以下の動きを表現するように，検査設備のアウトプットルールを設定する（表 11.2.8）．

・受診者が全検査を受診済なら受診者を検査施設の外へ出す．そうでなければ（全検査を受診済でなければ），受診者の行き先を以下のように決める．

・実行オプションが 1（現状）のとき，次の番号の検査設備の待合室に行く．

・実行オプションが 2（変更後）のとき，未受診の検査のうち待ち時間が最短の検査設備の待合室に行く．

表 11.2.8　検査設備を表すマシン「mc_検査設備」のアウトプットルールの例

```
IF a_Finish = 1
        PUSH to SHIP
ELSE
        IF v_RunOpt = 1
                PUSH to bf_待合室(N + 1)
        ELSEIF v_RunOpt = 2
                PUSH to bf_待合室(f_EmptyExNo ())
        ENDIF
ENDIF
```

7）詳細の設定

検査設備を表すマシンのサイクルタイムに，上記 5)-③で入力ファイルから変数 v_ExamT に読み込んだ検査の所要時間を与える（図 11.2.14）．

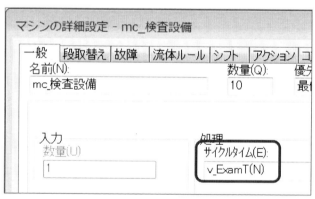

mc_検査設備のインデックス毎に異なる検査の所要時間を与えるために，v_ExamT のインデックスをシステム変数 N で指定している．

図 11.2.14　検査設備を表すマシン「mc_検査設備」のサイクルタイムの設定例

8）出力ファイルの設定

出力ファイルは，Microsoft Excel で作成する．

出力ファイルの内容は，検診施設内の最長滞在時間，全受診者の完了時刻，各検査の最長待ち時間とする（図 11.2.15）.

	A	B
1	シミュレーションの出力データ	
2		
3	検診施設内 最長滞在時間[分]	
4	全受診者の 完了時刻[分]	
5		
6		
7	最長検査待ち時間	
8	検査設備番号	最長待ち時間[分]
9	1	
10	2	
11	3	
12	4	
13	5	
14	6	
15	7	
16	8	
17	9	
18	10	
19		

図 11.2.15　出力用のファイルの例

9）出力値を格納しておく変数エレメントの追加

出力値を格納しておくための変数エレメントをモデルに追加する（表 11.2.9）.

表 11.2.9　出力値を格納しておく変数エレメント

格納する出力値	型	数量	エレメント名
a. 受診者が検診施設内に滞在した最長時間	実数	1	v_MaxStayT
b. すべての受診者が検査を終えた時刻	実数	1	v_LastExitT
c. 各検査の最長待ち時間	実数	10	v_MaxWaitT

１０）検査設備の出力時アクションの設定

検査設備を表すマシンエレメントの終了時アクションで，受診者が検査を終えた時刻を表 11.2.9 の b の変数に記録する．また，検診施設内に滞在した時間長がこれまでで最長ならば，a の変数に値を記録する（表 11.2.10）.

１１）シミュレーション開始１日後に結果を出力するための設定

①シミュレーション時刻が 1 日（1,440 分）になったときにアクションを実行するために，ダミーのパーツエレメントをモデルに追加し，タイプ：能動，最大到着数：

1，最初の到着時刻：1440 として，アウトプットルールを"PUSH to SHIP"とする（図 11.2.16）．

表 11.2.10　検査設備を表すマシン「mc_検査設備」の出力時アクションの例

```
DIM tmodel AS REAL ! 受診者が検診施設に滞在した時間長
IF a_Finish = 1
      mdl_XLS.v_LastExitT = TIME
      tmodel = TimeInModel ()
      IF mdl_XLS.v_MaxStayT < tmodel
            mdl_XLS.v_MaxStayT = tmodel
      ENDIF
ENDIF
```

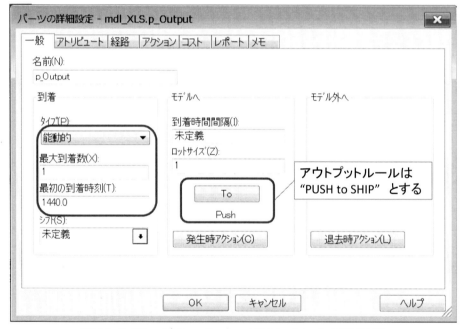

図 11.2.16　ダミーのパーツエレメントの設定例

②ダミーのパーツエレメントの退去時アクションで，シミュレーション結果をファイルに出力するよう設定する．以下の例では，バッファ内に最も長くパーツが滞在した時間長を取得するシステム関数 BMaxTime を使用して出力項目の「各検査の最長待ち時間」を計算している（表 11.2.11）．

表 11.2.11　ダミーのパーツエレメントの退去時アクションの例

```
DIM ii AS INTEGER ! ループカウンタ
FOR ii = 1 TO 10
```

```
        v_MaxWaitT(ii) = BMaxTime (bf_待合室(ii))
NEXT
XLRealToCell ("入出力.xlsx","Output","B3",v_MaxStayT)
XLRealToCell ("入出力.xlsx","Output","B4",v_LastExitT)
XLWriteArray ("入出力.xlsx","Output","B9:B18",v_MaxWaitT,1)
```

（3）モデルの検証

　モデルが正しくできていることを検証するために，シミュレーションを実行して以下の点を確認する（表 11.2.12）．

　確認は，シミュレーションをウォーク実行やラン実行で実行する方法（表 10.2.2），モデルのアクションに時刻やメッセージを出力する命令を追加（表 10.4.8 の例 2，表 10.5.3 参照）する方法などで行う．

表 11.2.12　シミュレーションモデル構築後の確認の観点

確認する点	確認の目的
a. 受診者が到着する時刻と数は正しいか.	受診者の流れの設定の確認
b. 受診者が，入力データ（図 11.2.6）の実行オプションで指定した順に検査設備を回るか.	
c. 各検査設備の受診者一人当たりの処理時間長は表 11.2.1 の通りか.	詳細の設定の確認
d. シミュレーション結果としてファイルに出力された値は，画面上で観察したモデルの動作と矛盾がないか.	出力の設定の確認

（4）シミュレーションの実行

1）ケース１（決まった順番で検査を受ける）の実行

　入力データ（図 11.2.11）の実行オプションを 1 にしてシミュレーションを実行し，結果を出力できたことを確認する．

　後で同じシミュレーションを再現できるようにするために，シミュレーションに使用したファイル一式を別のフォルダにコピーして保存する．

2）ケース２（待ち時間が短い検査から受ける）の実行

　入力データの実行オプションを 2 にしてシミュレーションを実行し，同様にファイル一式を保存する．

3）結果の比較

　ケース１，2 の結果を比較し，受診者の待ち時間の変化を調べる．

　ケース１　最長滞在時間[分]：84　全受診者の完了時刻[分]：714

　　ケース２　最長滞在時間[分]：69　全受診者の完了時刻[分]：690

※さらに，受付時間の平準化による効果の有無を調べたい場合は，パーツファイルの
　実ファイルを書き換えて追加のケースを作成し，シミュレーションを実行する．

11．3　食品工場モデル

11.3.1　事例
（１）シミュレーションの目的
　本事例は，豆腐工場の製造ラインでの異常停止の改善事例である．
　本事例の製造ラインは１日に数回異常停止しており，豆腐の品質が低下している可能性がある．例えば，ラインの停止時に煮釜で加熱されていた豆乳は，通常と加熱時間や温度が異なる可能性がある．
　本事例は，製造ラインの異常停止の改善方法を提案することを目的とする．

（２）システムの概要
1）製造ラインの構成
　本事例の製造ラインは，6 つの大豆タンク，1 つのグラインダー，1 つの煮釜，1つの絞り機，3 つの豆乳タンク，3 つのポンプ，それらをつなぐポンプで構成される．大豆タンクは大豆を保管する装置であり，タンクの容量は 9 俵である．グラインダーは大豆を磨り潰して加水する設備である．煮釜はグラインダーで加工された大豆を加熱する設備である．絞り機は煮釜で加熱された大豆を絞り豆乳を作る装置である．豆乳タンクは豆乳を保管する装置であり，豆乳タンクＡは豆乳の一次保管，豆乳タンクＢは豆乳の一次保管と製品ごとの必要豆乳量の抽出を行う．ポンプは流体（磨り潰して加水された大豆と豆乳）を，次の工程に送る装置である（図 11.3.1）．
　製造ラインは次の 7 つの手順で豆腐を製造する．①大豆タンクから大豆を取り出す．②グラインダーで大豆を磨り潰し加水する．③加水された大豆をポンプで煮釜に送り加熱する．④加熱された大豆をポンプで絞り機に送り豆乳を作る．⑤絞り機から送り出された豆乳を豆乳タンクＡで保存する．⑥豆乳タンクＡの豆乳量が一定以上になると，豆乳をポンプで豆乳タンクＢに送り保存する．⑦豆乳タンクＢから製品ごとの必要豆乳量が抽出され，豆腐が作られる．なお，豆乳タンクＢは溢れ防止のために液面制御しており，容量の上限に達すると豆乳タンクＡから豆乳タンクＢへの豆乳を送るポンプを停止する．

2）製造ラインが異常停止する原因
　豆乳タンク Ｂ での液面制御により，豆乳タンクＡから豆乳タンクＢへの豆乳を送るポンプを停止する場合がある．しかし，他の工程は停止しないため，絞り機から豆

乳タンクＡに豆乳は送り出し続ける.

その結果, 豆乳タンクＡが溢れそうになるため, 製造ラインが異常停止する.

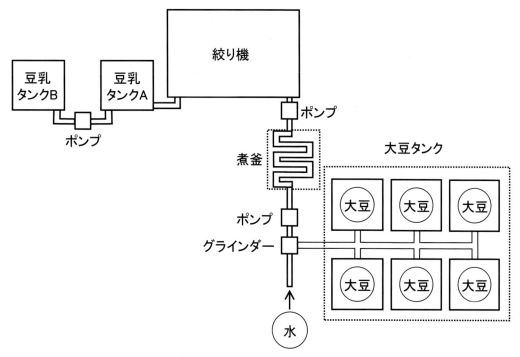

図11.3.1　システムの概要

3) 検討の進め方

第一に, 製造ラインの停止とその影響の現状を調査する.

第二に, 視覚的にシステムのボトルネック（不具合）部分を検討できるシステムシミュレータを導入するため, 製造ラインのモデルを構築する.

第三に, 現状調査とシミュレーション結果を比較し, モデルの妥当性を検証する.

第四に, 製造ラインのモデルの構築過程で得られた知見を基に, 製造ラインの異常停止の改善方法を提案する.

（3）モデルの構築

1) 現況把握と要件定義

製造ラインの停止の現状として, 煮釜に着目し, 運転状況（運転開始時刻, 運転終了時刻）を調査する. なお, 煮釜は, 異常停止が起きない場合, 製造ラインの操業中は停止しない.

また, 製造ラインの停止の影響として, 煮釜の温度を調査する.

2) 煮釜の運転状況

図11.3.2は, ある日の煮釜の運転状況である.

　製造ラインは 7:30 に操業を開始する．煮釜の運転は，操業開始の 10 分後の 7:40 に開始するが，1 時間 15 分後の 8：55 に停止している．これは，後工程の豆乳タンクAが溢れそうになったためである．停止 5 分後の 9:00 に，豆乳タンクが溢れそうな状況を脱したため，運転を再開している．

　運転再開の 2 時間 15 分後の 11:15 に，再び豆乳タンクが溢れそうになったため，運転を停止し，7 分後の 11:22 に運転を再開している．

　そして，1 時間 38 分後の 13:00 に予定量の製造が終了したため，煮釜の運転を停止している．

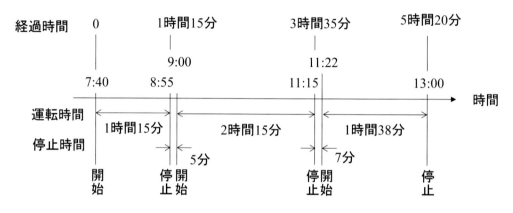

図 11.3.2　煮釜の運転状況

3）煮釜の温度変化

　図 11.3.3 は，2）と同じ日の煮釜の温度の変化である．煮釜の 4 点（Ch.1〜Ch.4）で温度センサを用いて温度を測定している．

　図より，Ch.1 と Ch.2 は 2 回，Ch.3 は 1 回，温度が低下したことがわかった．

　このような 1 日 2 回程度の停止は，測定した約 1 ヶ月の間，ほぼ毎日発生した．

4）モデルの構築

　定量的かつ可視的な考察を試みるため，システムシミュレーションを行った．

　図 11.3.4 は大豆タンクから煮釜までのモデル，図 11.3.5 は煮釜からタンクまでのモデルである．

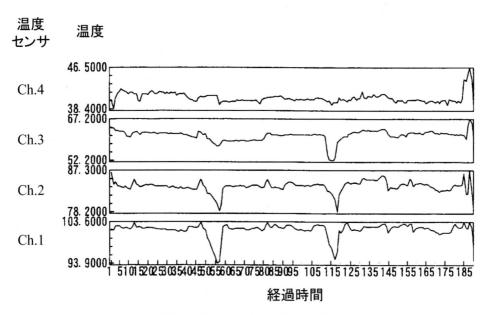

図 11.3.3　煮釜の温度変化

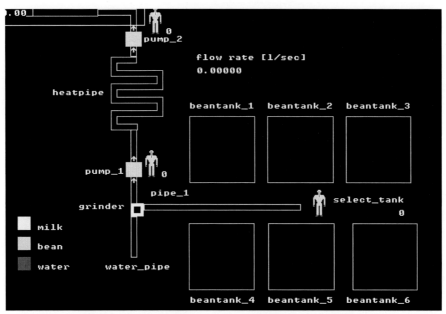

図 11.3.4　大豆タンクから煮釜までのモデル

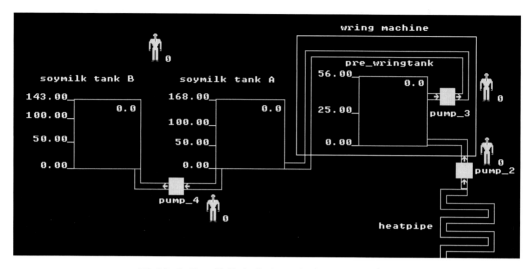

図 11.3.5　煮釜からタンクまでのモデル

（4）シミュレーションの実行

1）検証方法

　前項で構築したシミュレータが，実際の製造ラインの挙動を再現できるかを検証する．事例として，ある日の操業を再現する．大豆 18 俵を原材料に，豆腐を製造する．その他の条件は，現状の作業状況と同様とする．

2）豆乳タンクの溢れ時点（1 回目）

　シミュレーションにおいて，実際の製造ラインの稼動と比較すべき時点が 3 点あった．

　第一の時点は，1 回目に豆乳タンクの溢れ時点である．シミュレーションでは，操業開始から 4,720 秒後（1 時間 18 分後）に生じた．前述の現状調査では，1 回目の豆乳タンクの溢れ時点は運転開始から 1 時間 15 分後であり，シミュレーション結果との差は 3 分であった（図 11.3.6）．

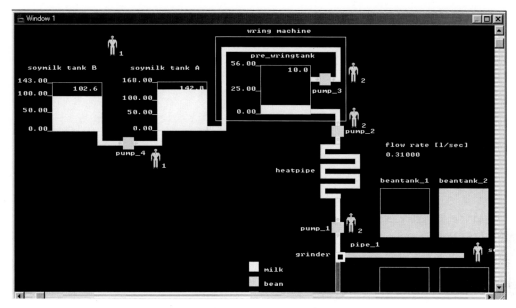

図 11.3.6　豆乳タンクの溢れ時点（1 回目）

3）豆乳タンクの溢れ時点（2 回目）

　第二の時点は，2 回目の豆乳タンクの溢れ時点である．シミュレーションでは，操業開始から 11,820 秒後（3 時間 17 分後）に生じた．前述の現状調査では，2 回目の豆乳タンクの溢れ時点は運転開始から 3 時間 35 分後であり，シミュレーション結果との差は 18 分であった（図 11.3.7）．

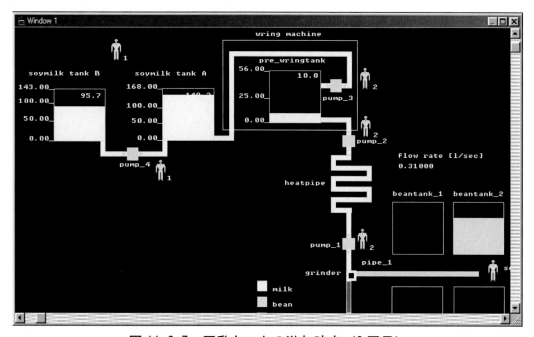

図 11.3.7　豆乳タンクの溢れ時点（2 回目）

４）操業終了時点

　第三の時点は，操業終了時点である．シミュレーションでは，操業開始から 18,990 秒後（5 時間 16 分後）であった．前述の現状調査では，操業終了時点は運転開始から 5 時間 20 分後であり，シミュレーション結果との差は 4 分であった（図 11.3.8）.

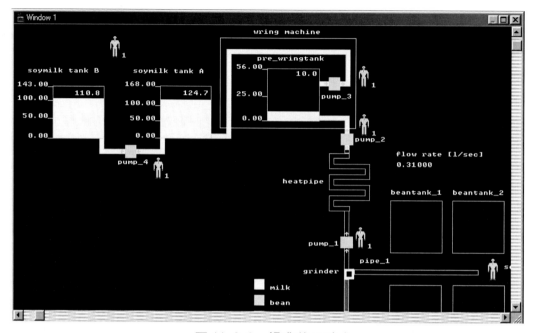

図 11.3.8　操業終了時点

５）シミュレータ解析結果の検証と考察

　他の解析条件でも同様のシミュレーションを行い実測値と比較したが，おおむね同様の結果が得られた．

　この結果，シミュレータについて総評すると，

　①2 回の豆乳タンク A の溢れそうな状況を，時間的差異 10％程度で再現できた．

　②操業終了状態を，時間的差異 10％程度で再現できた．

　③製造量を，差異 5％内で再現できた．

　以上のことから，本システムシミュレータによる結果は，実測値データから 10％程度の差異を許容できれば，妥当であると言える．

６）解析結果
①豆乳の種類ごとの必要豆乳量の統一

　シミュレーション解析の結果から，製造ラインの異常停止の改善方法として，①豆腐の種類ごとの必要豆乳量の統一，②豆乳タンク A の容量の拡大の 2 つを提案した．

　①豆腐の種類ごとの必要豆乳量の統一は，以下の過程によって導いた．

システムシミュレータを構築し，シミュレーション結果を検証する過程で，様々なことが理解できた．例えば，当初，1日の操業時間と製造量は実測値データにある程度一致するものの，2～3回のライン停止が再現できなかった．当初は，各ポンプの排出する流量がマチマチであり，そのムラを豆乳タンクAが溢れる原因と考えた．しかし，豆腐製造を分析すると，製造ラインでは，5種類の製品（揚出し生地，生揚げ生地，焼き豆腐，ミニ木綿，木綿豆腐）を製造しているが，1ロット1バケットの必要豆乳量が 16.8～17.5 リットルと製品によって異なることがわかった．また，製品の種類を切替えるとき，段取り替えが発生することがわかった．これを考慮してモデルを再構築した結果，シミュレーション結果と実測値の差が小さくなり，1日2～3回の停止を再現できた．

逆説的になるが，ライン停止を防ぐ最も有効な方法は，1ロット1バケットの必要豆乳量を統一し，段取り替えを無くすことである．これによって，シミュレーション上では，ムラが無くなり，安定した操業を実現できる．

②豆乳タンクAの容量の拡大

①豆乳の種類ごとの必要豆乳量の統一をアクティブな方法と考えると，パッシブな方法として，②豆乳タンクAの容量の拡大が考えられる．

ラインが停止する原因が，豆腐の種類ごとに1ロット1バケットの必要豆乳量の違いであれば，そのムラを吸収できるだけ豆乳タンクAの容量を拡大することが考えられる．1回の停止が 10 分程度であれば，現在の豆乳の流量が 18 リットル/分であるため，理論的には豆乳タンクAの前に約200 リットルタンクを設置すれば，豆乳タンクが溢れることによるラインの停止は解決できる．

11.3.2　サンプルモデル
（1）問題

本サンプルでは，2種類のパーツ（A, B）が溶解機（M1）に到着し，それぞれ液体（SOLA, SOLB）に変化して，貯蔵タンク（TANK1）に流入する．貯蔵タンク（TANK1）内の液体は，パッキングマシン（M2）によって抜き取られ缶（CAN）に詰め，蓋しめをしたあとコンベア（C1）に載せて出荷される．なお，缶の品切れは考えないものとする（図 1.3.9）．

各データは以下のとおり設定する．

A　　　長さ 0.5，幅 0.82，高さ 0.55
　　　　　到着間隔　　　　　　　　15 分に1回
　　　　　1個あたりの容量　　　　55 リットルの SOLA になる
B　　　長さ 0.5，幅 0.82，高さ 0.55
　　　　　到着間隔　　　　　　　　15 分に1回
　　　　　1個あたりの容量　　　　45 リットルの SOLB になる

CAN1　　長さ 0.5，幅 0.82，高さ 0.55

M1　　　インプットバッファ容量　　10 パーツ分

　　　　　処理時間　　　　　　　　　平均 3.5 分，標準偏差 1.2 の対数正規分布

　　　　　TANK1 への流量　　　　　15 リットル／分

TANK1　容量　　　　　　　　　　500 リットル

M2　　　8 缶同時に処理をする（ノズルが 8 個ある）

　　　　　1 缶あたり 2 リットルの液体を詰める

　　　　　抜き取り時間　6 秒

　　　　　　　流量の計算：　2 リットルを 6 秒で抜き取る

　　　　　　　　　　　　　　　従って，流量は 20 リットル／分

　　　　　蓋しめ時間　　25 秒

C1　　　長さ　12 ポジション

　　　　　サイクルタイム　　0.3 分

このとき，1,000 秒後の TANK1 の在庫量を求めよ.

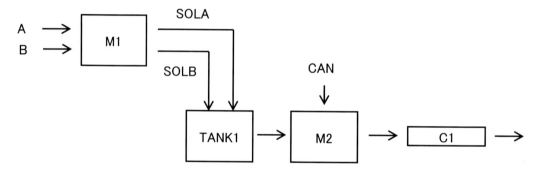

図 11.3.9　システムの概要

（2）モデルの作成

1）エレメントの定義と設定

本モデルでは，表 11.3.1 のエレメントを定義・設定した.

表 11.3.1　エレメントの定義と設定

名前	種類	設定
M1	マシン	数量：1
		種類：シングル
		インプットルール：BUFFER (10)
		サイクルタイム：LogNorml (3.5,1.2,1)
		アウトプットルール：PUSH to SHIP
		[流体ルール]タブ・抽出量：CONTENTS

名前	種類	設定
		[流体ルール]タブ・(抽出) 処理：後
		[流体ルール]タブ・アウトプットルール：FLOW to TANK1 RATE (15.0)
M2	マシン	数量：1
		種類：バッチ
		最小バッチ数：8
		最大バッチ数：最小バッチ数
		インプットルール：PULL from CAN out of WORLD
		サイクルタイム：25 / 60
		アウトプットルール：PUSH to C1 at Rear
		[流体ルール]タブ・注入量：2.0
		[流体ルール]タブ・(注入) 処理：前
		[流体ルール]タブ・インプットルール：FLOW from TANK1 RATE (160.0)
CAN	パーツ	到着のタイプ：受動的
		発生時アクション：(表 11.3.2 参照)
		[アトリビュート]タブ・流体を含む：✔
A	パーツ	到着のタイプ：能動的
		到着時間間隔：15.0
		アウトプットルール：PUSH to M1
		発生時アクション：(表 11.3.3 参照)
		[アトリビュート]タブ・流体を含む：✔
C1	コンベア	数量：1
		種類：前詰め型
		長さ：12
		最大容量：長さと同じ
		タクトタイム：0.3
		アウトプットルール：PUSH to SHIP
B	パーツ	到着のタイプ：能動的
		到着時間間隔：15.0
		アウトプットルール：PUSH to M1
		発生時アクション：(表 11.3.4 参照)
		[アトリビュート]タブ・流体を含む：✔
TANK1	タンク	数量：1
		容量：500.0
SOLA	流体	到着：(「能動的な発生」にチェックなし)
SOLB	流体	到着：(「能動的な発生」にチェックなし)

表 11.3.2　パーツ CAN の発生時アクション

```
LENGTH = 0.5
WIDTH = 0.82
HEIGHT = 0.55
```

表 11.3.3　パーツ A の発生時アクション

```
LENGTH = 0.5
WIDTH = 0.82
HEIGHT = 0.55
!
FLUID = SOLA
CONTENTS = 55
```

表 11.3.4　パーツ B の発生時アクション

```
LENGTH = 0.5
WIDTH = 0.82
HEIGHT = 0.55
!
FLUID = SOLB
CONTENTS = 45
```

2）表示設定

図 11.3.10 のとおり，表示設定を行う．

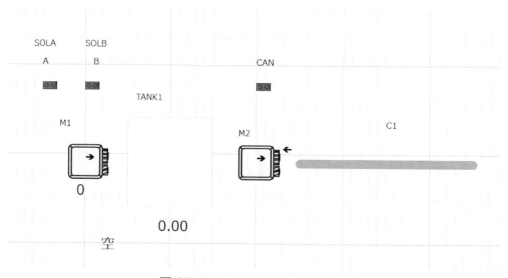

図 11.3.10　WITNESS の実行画面

３）その他の設定

　ツールバーの「モデル」→オプション→[イベント]タブ→「流体混合時間間隔」を"1"に設定した.

（3）シミュレーションの実行

　実行した結果，1,000 秒後の TANK1 の在庫量は 47 リットルであった.

11．4　港湾荷役ターミナル

11.4.1　問題定義
（1）シミュレーションの目的

　本事例は，港湾荷役ターミナルにおける渋滞対策の効果検証の事例である.

　国際海上コンテナ輸送を行う港湾荷役ターミナルでは，サプライチェーンの世界的な展開によるコンテナ取扱量の急増やコンテナ船の大型化により，ゲートの混雑が大きな問題になっているが，混雑対策として道路建設やターミナルの拡張を行うには巨額の投資と長い年月を要するため，ゲートの増強や運用方法の変更による対策が求められている.

　港湾荷役ターミナルの入口のゲートでは，コンテナ船に荷積みするコンテナを港の外から運んで来たトレーラーが長時間待たされる深刻な渋滞が特定の時間帯に頻発している.

　本事例では，港湾荷役ターミナルの入口のゲートにおけるトレーラーの渋滞の改善策の効果を検証することを目的とする.

（2）システムの概要
①港湾荷役ターミナルのゲートの構成

　港の入口には時間帯によって異なる間隔でトレーラーが到着する. 入口に到着したトレーラーはゲートに向かって一本道を走行し，ゲートの通過待ち行列の最後尾に並ぶ. ゲートには 4 つのレーンがあり，行列の先頭に達したトレーラーから順に空いているレーンに入る. レーンに入ったトレーラーは，持参した書類を係員に見せて手続きを行う. 手続きは係員が手作業で行うため，1 台あたりの手続時間は一定でなく，書類に不備がある場合は手続時間が長くなる. 手続が終わったトレーラーはレーンから出て，行列の先頭のトレーラーが空いたレーンに入る.

　ゲートの通行可能時間帯は，係員がいる時間帯だけである.

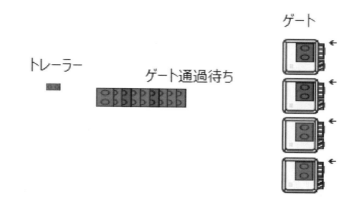

図 11.4.1　システムの概要

②ゲートで渋滞が発生する原因

渋滞の原因としては以下が考えられる.
・トレーラーの到着が特定の時間に集中しすぎている
・ゲートの処理能力が不足している

③検討の進め方

　第一に，港湾荷役ターミナルの渋滞に対して実施された対策と対策実施後の状況について現状調査を行い，渋滞に対して有効と考えられる対策を明らかにする.
　第二に，渋滞に対して有効と考えられる対策の定量的な効果を評価するため，港湾荷役ターミナルのゲートのモデル化を行う.
　第三に，現状調査とシミュレーション結果を比較し，モデルの妥当性を検証する.
　第四に，港湾荷役ターミナルのゲートのモデルの構築で得られた知見を基に，渋滞の改善策の効果を検証する.

（3）シミュレーションの適用
①現況把握と要件定義
1）調査内容

　渋滞に対して港湾荷役ターミナルで実施された対策と，各案の課題を把握するため以下の調査をおこなう.
　　・　まず，ゲートの増強や運用方法の変更による渋滞対策案を整理する.
　　・　二番目に，実際の港湾に対する適用事例を調べる.
　　・　三番目に，事例により有効性が認められた渋滞対策に関して，対策の効果をシミュレーションで検証するために必要なデータを収集する.

2）渋滞対策案の整理

　渋滞に対する対策案と，実際の適用事例から判明した各案が効果を発揮するための

条件や課題は表 11.4.1 の通りである．表 11.4.1 の案のうち，案４と案５が有望かつ両案の併用による相乗効果を期待できる．しかし，案５を港湾で実施した事例としては博多港と名古屋港が存在するものの，他には該当する港湾が発見できず，混雑への影響の定量的な評価を行った研究がなされていない．このため，案５の効果を検証することにする．

表 11.4.1　ゲートの増強や運用方法の変更による渋滞対策案

	分類	渋滞対策	効果を発揮するための条件・課題	対策済の港における効果
案1	トレーラーの到着台数の平準化	到着時刻の事前予約システム導入	事前予約しないトレーラーや，遅刻するトレーラーが多いと効果を発揮できない．	× （課題を解決できず効果が発揮されない）
案2		ゲートの通行可能時間帯の延長	ゲートや倉庫などで係員が夜間作業を行う必要があり，割増料金がかかる．また夜間だとターミナルで受け取った荷物を荷主へ配達できない．	－ （実施が困難）
案3	ゲートの処理能力の向上	ゲート数を増やす	渋滞しないようにするには，ゲート数を渋滞状況に合わせて増減するか，渋滞のピークに合わせる必要があるが前者はゲートの係員の雇用の都合上，実施が困難．後者はコスト増になる．	－ （実施が困難）
案4		ゲートの IT 化によるトレーラー1台当たり処理時間の短縮	トラック事業者やトレーラー運転手の協力が必要．	○
案5		ゲート通過に必要な書類に不備がある車両の除去によるトレーラーのため1台あたり処理時間の短縮	書類不備の有無によるトレーラー1台あたり処理時間の差が大きく，書類不備車両がある場合に効果的．	－ （実施事例が少なく定量的な検証が不可）

3）交通実態調査による現状把握

　博多港と名古屋港では，対策の実施前に存在した深刻な混雑が，対策導入後には劇的に軽減されている．ただし書類不備車両を除去する方法は両者で異なっている．また，両者とも対策の導入前のデータが十分に捕捉されていないため，統計的な分析のみで書類不備車両の除去による混雑軽減の効果を評価することは困難である．

　そこで，九州大学研究チームでは博多港と名古屋港を対象に，交通実態調査を行い，書類不備車両の除去前後のシミュレーションを行うために必要なデータを収集した．

　以下は，同研究のうち，博多港のアイランドシティ IC ターミナルを対象に行った交通実態調査とシミュレーションによる検証の結果である．

※注：博多港には香椎ターミナルと IC ターミナルが存在するが，本書では IC ターミナルの分析
　　　結果のみを紹介する．

　博多港の IC ターミナルの交通実態調査結果の概要を表 11.4.2 に示す．

表 11.4.2　交通実態調査の結果（博多港の IC ターミナル）

調査項目	調査結果
書類不備車両の除去方法	IT システムにより，トレーラー運転手に入構情報を事前登録し，輸入コンテナの引き取り可否情報を事前確認してもらう
書類不備車両の割合	対策実施前：約 10% 対策実施後：0%
トレーラーの時間帯別・日別交通量	対策実施前：観測未実施 対策実施後：表 11.4.2，表 11.4.3 参照
ゲートでのトレーラー1台あたり処理時間	対策実施前：観測未実施 対策実施後：平均 53.2 秒（表 11.4.4 参照）
トレーラーのゲート通過待ち時間(*注 1)	対策実施前：平均 4 時間 対策実施後：平均 15 分

(*注 1) トレーラーのゲート通過待ち時間は，運転手へのアンケートによって調査した．

　トレーラーの到着台数は，日毎・時間帯毎により変化する．

　そこで 1 日の到着台数を，2014 年 1 月 6 日から 11 月 25 日までの港の管理記録から抽出した（表 11.4.3）．また，時間帯別の到着台数を 2015 年 2 月 2 日から 6 日にかけて計測した（表 11.4.4）．

　さらにゲートでのトラック 1 台あたり処理時間を 2015 年 2 月 2 日から 6 日にかけて計測した（表 11.4.5）．

表 11.4.3　日当たり交通量の計測値

（博多港の IC ターミナル，2014 年 1 月 6 日〜2014 年 11 月 25 日）

パーセンタイル	日当たり交通量[台/日]
50th	1047
95th	1205
97.5th	1241

表 11.4.4　時間帯別トレーラーの到着台数比率の計測値

（博多港の IC ターミナル，2015 年 2 月 2 日〜2015 年 2 月 6 日）

時間帯	到着台数比率[%]
7:00〜8:00	8.5
8:00〜9:00	6.8
9:00〜10:00	8.1
10:00〜11:00	10.9
11:00〜12:00	9.6
12:00〜13:00	6.5
13:00〜14:00	11.4
14:00〜15:00	13.1
15:00〜16:00	12.3
16:00〜17:00	10.0
17:00〜18:00	2.9
18:00〜19:00	0.0
Total	100.0

表 11.4.5　ゲートでのトレーラー1 台あたり処理時間の計測値

（博多港の IC ターミナル，2015 年 2 月 2 日〜2015 年 2 月 6 日）

※3154 台を対象として計測した結果を示す．

項目	値
平均[秒]	53.2
標準偏差[秒]	62.9

②モデルの構築

１）モデル化の範囲とトレーラーの動き

　IC ターミナルの 14,220m 上流にある港の入口から，IC ターミナルのゲートまでをモデル化の範囲とした．ゲートのレーン数は 4 つ存在し，港の入口からゲートまでは一本道で，他との干渉はないものとした．

　モデルのイメージを図 11.4.2 に示す．港の入口には，入力データの「トレーラーの時間帯あたり到着台数」で指定した台数のトレーラーが，該当する時間帯に等時間間

隔で到着する．港の入口に到着したトレーラーは，ゲートに向かって走行し，ゲートの通過待ち行列の最後尾に並ぶ．行列の先頭に到達したトレーラーは，順にゲートに入り，処理時間が経過したらゲートを出る．

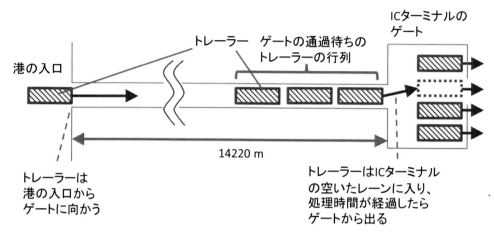

図 11.4.2　モデルのイメージ

２）シミュレーションの入力データ

　書類不備車両の除去前と除去後をシミュレーションで再現してゲートの混雑状況を比較するには，それぞれに対応するデータをシミュレーションの入力データとする必要がある．しかし，書類不備車両の除去前の計測データが十分でないため，不足するデータを，別のデータで補って入力データを作成することにした（表 11.4.6）．

　シミュレーションの入力データは，表 11.4.7 を使用した．

表 11.4.6　不足するデータと代わりに使用するデータ

不足するデータ	代わりに使用するデータ
トレーラーの時間帯別・日別交通量（書類不備車両の除去前）	書類不備車両の除去後の値を使用する．
ゲートでのトレーラー1 台あたり処理時間（書類不備車両の除去前）	書類不備車両を除去していない別のターミナル(*注 1)のゲートで計測された値(平均 158.4 秒)を使用する．

(*注 1) 名古屋港の，TCB ターミナルと呼ばれるターミナルの値を使用した．

表 11.4.7　シミュレーションの入力データ

項目	書類不備車両の除去前	書類不備車両の除去後
トレーラーの時間帯別到着台数[台/時]	トレーラーの日当たり到着台数(実測値)に表 11.4.4 の時間帯別の到着台数比率を乗じて求めた時間帯別の到着台数	
書類不備車両の割合	10%(表 11.4.2 の値を参考に設定)	0%(表 11.4.2 の値を参考に設定)
ゲートでのトレーラー1台あたり処理時間	158.4 秒(表 11.4.6 の値を参考に設定)	53.2 秒(表 11.4.5 の値を参考に設定)
トレーラーの走行速度	30km/h (現地での目視による計測結果から設定)	

３）シミュレーションの出力データ

　トレーラーのゲート通過待ち時間の計測値（表 11.4.2）は，トレーラーの運転手へのアンケートによって取得したため，厳密に待ち時間の開始と終了のタイミングを定めて計測することはできなかった．

　そこで，シミュレーションでは，トレーラーの渋滞を表す値として港の入口を通過してから IC ターミナルのゲートを通過するまでの時間（以下，トレーラーの到達時間）を出力することにした．

③シミュレーションの実行
１）検証方法

　シミュレーションでは書類不備車両の除去前と除去後を再現し，1,205 台（95 パーセンタイル値）のトレーラーの到達時間の平均値を比較する．

２）検証方法

　書類不備車両の除去前と除去後の，トレーラーの平均到達時間を表 11.4.8 に示す．
　トレーラーの日交通量のパーセンタイル値が 50th, 95th, 97.5th のいずれの値でも，書類不備車両の除去前よりも除去後の方が，トレーラーの平均到達時間が短縮されている．

表 11.4.8　シミュレーションの出力結果

トレーラーの日交通量のパーセンタイル値	トレーラーの平均到達時間 [秒]	
	書類不備車両の除去前	書類不備車両の除去後
50th	5813.10	1760.60
95th	8116.70	1762.60
97.5th	8865.30	1763.40

3）シミュレータ解析結果の検証と考察

　シミュレーション結果からは，トレーラーの日交通量によらず，書類不備車両の除去前よりも除去後の方がトレーラーの平均到達時間が短くなることが示された．これは，実際の博多港の IC ターミナルで，書類不備車両を除去した後にトレーラーの混雑が軽減された事実と一致する．

　またシミュレーション結果では，書類不備車両の除去前は日交通量のパーセンタイル値の増加につれてトレーラーの到達時間が長くなっているのに対して，書類不備車両の除去後は日交通量のパーセンタイル値が増加してもトレーラーの平均到達時間がほとんど変化していない．

　これは，書類不備車両が存在し，かつ日交通量が多い場合は渋滞が悪化するが，書類不備車両がなければ日交通量が多くてもほとんど渋滞しないことを意味している．

（4）解析結果

　計測では明らかにすることが困難だった書類不備車両の有無と日交通量およびトレーラーの渋滞の関係が，シミュレーション結果によって以下のように示された．

- ・トレーラーの日交通量によらず，書類不備車両の除去前よりも除去後の方がトレーラーの平均到達時間が短くなる．
- ・博多港の場合，書類不備車両が存在する場合は日交通量が多い日は渋滞が悪化するが，書類不備車両がなければ日交通量が多い日でもほとんど渋滞しない．

11.4.2　サンプルモデル

（1）問題

　本項では，前項で紹介した事例を簡易化した問題で，モデルの作成手順を説明する．問題は以下の通りとする．

　港の入口に 4 個のレーンを持つゲートがある．ゲートの手前ではトレーラーが 1 列に並んでゲートを通過する順番を待っており，行列の先頭に来たトレーラーから順に空いたレーンに入って書類の確認処理を受け，港の中に入る．

　ゲートの処理時間は，トレーラーが持っている書類が正しい場合は 1 分だが，書類に不備がある場合は，問い合わせ等を行う必要があるために 18 分かかる．行列に加わるトレーラーの数は下表のように時間帯によって変化する．書類不備があるトレーラーの割合は全体の 10% である．

表　ゲート通過待ちの行列に加わるトレーラーの数

時刻	トレーラー数	時刻	トレーラー数	時刻	トレーラー数
0:00	0	8:00	34	16:00	50
0:30	0	8:30	34	16:30	50
1:00	0	9:00	40	17:00	15
1:30	0	9:30	41	17:30	14
2:00	0	10:00	54	18:00	0
2:30	0	10:30	55	18:30	0
3:00	0	11:00	48	19:00	0
3:30	0	11:30	48	19:30	0
4:00	0	12:00	32	20:00	0
4:30	0	12:30	33	20:30	0
5:00	0	13:00	57	21:00	0
5:30	0	13:30	57	21:30	0
6:00	0	14:00	65	22:00	0
6:30	0	14:30	66	22:30	0
7:00	42	15:00	61	23:00	0
7:30	43	15:30	62	23:30	0

　現在，この港ではゲートの通過待ちで渋滞が発生しているため，対策として，事前に書類検査を行うシステムを設けることで，ゲートに到着するトレーラーに書類不備がある割合を 0% にすることを考えた．
このシステムを構築するには費用がかかるので，システム構築の投資を行うべきかどうか判断するためには，この対策が渋滞の解消に効果を発揮するかどうかを検証する必要がある．

　上記を踏まえ，シミュレーションで現状と対策実施後の再現を行い，トレーラーが到着してからゲートを通過するまでの最長時間と，ゲートの通過待ちの行列の最大長を比較することで，対策によって渋滞が解消できるかどうかを検証せよ．

（２）モデルの作成

１）動きを表現すべきモノのモデルへの追加

　　動きを表現すべきモノ（表 11.4.9）に対応するエレメントをデザイナーエレメントからドラッグ＆ドロップしてモデルに追加する（図 11.4.3 の左図）．追加したエレメントには，エレメント名と数量を設定する（図 11.4.3 の右図）．

表 11.4.9　動きを表現するモノ

表現するモノ	対応するエレメント	説明
トレーラー	パーツ	トレーラーは流れていくモノなので，パーツで表現する．数量は１．
ゲート通過待ち（トレーラーの行列）	バッファ	行列はトレーラーを溜めておくモノなので，バッファで表現する．数量は1.
ゲート	マシン	ゲートはトレーラーを処理するモノなので，マシンで表現する．数量は４．

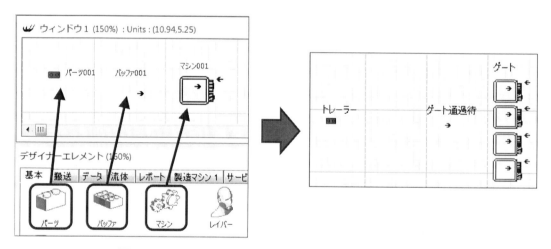

図 11.4.3　WITNESS 上でエレメントを追加した状態

２）動きの設定

　2-1）トレーラーの到着の設定

　　以下の手順でパーツエレメント「トレーラー」の到着数が（１）問題の表に従うよう設定する（図 11.4.4）．

　　　・「トレーラー」の詳細設定ダイアログの「一般」タブの到着のタイプで「プロフィールによる能動」を選択する．

・ 同ダイアログの「到着プロフィール」タブで（１）問題の表の値を設定する．

・ **図 11.4.4　「到着プロフィール」タブを設定した状態**

2-2）流れの設定

　トレーラーの流れを指定するため，各エレメントにルールを設定する（表 11.4.10）．設定したらエレメントフローを表示（WITNESS のメニューから[表示]-[エレメントフロー]-[OK]を選択すると表示できる）すると，流れが矢印で表示され，設定結果を確認できる（図 11.4.5）．

表 11.4.10　エレメントに設定するルール

エレメント名	ルールの種類	ルール
トレーラー	アウトプットルール	PUSH to ゲート通過待
ゲート	インプットルール	PULL from ゲート通過待
	アウトプットルール	PUSH to SHIP

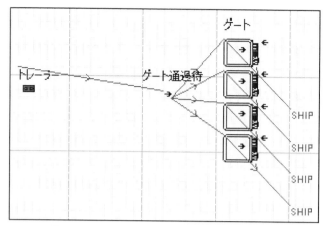

図 11. 4. 5　エレメントフローの表示

3）ゲートの処理時間の設定

3-1）アトリビュートの定義

　ゲートにおけるトレーラーの処理にかかる時間は，書類の不備の有無により 異なり，書類が正しければ1分，不備があれば18分である．

　これを表現するにはトレーラーにゲート処理時間を表すアトリビュートを付け，トレーラーの到着時にアトリビュートに値を設定すればよいので，以下の手順で設定を行う．

ⅰ）実数型のアトリビュート「ゲート処理時間」を定義する．

ⅱ）トレーラーの発生時アクションで，アトリビュート「ゲート処理時間」に値を与える．この際，現状を表現するモデルでは，書類に不備がある車両の割合は10%とする．トレーラーの発生時アクションの設定例を以下に示す．

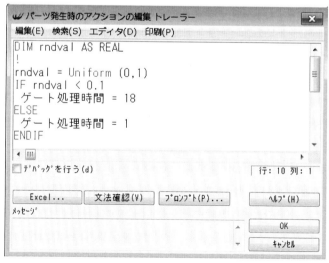

図 11. 4. 6　パーツ「トレーラー」の発生時アクションの設定例

上記のアクションの意味は以下の通り.

（1行目）	ローカル変数 rndval を実数型で宣言する.
（3行目）	0〜1 の一様乱数を発生させ, rndval に与える.
（4〜8行目）	rndval の値が 0.1 以下なら（つまり 10%の確率で）アトリビュート「ゲート処理時間」の値を 18[分]とする. そうでない場合(つまり残りの 90%の確率で)アトリビュート「ゲート処理時間」の値を 1 とする.

ⅲ）ゲートのサイクルタイムの設定

　マシンエレメント「ゲート」の詳細設定ダイアログのサイクルタイムで, アトリビュート「ゲート処理時間」を参照させる（図 11.4.7）.

図 11.4.7　マシンエレメント「ゲート」のサイクルタイムの設定例

4）トレーラーの到着からゲート通過までの最長時間長を調べるための設定

　トレーラーの到着からゲート通過までの時間長を調べるには, トレーラーが到着した時にアトリビュートに時刻を記録しておき, ゲートを通過した時にその時の時刻とアトリビュートに記録されている到着時刻との差をとればよい.

　また, 最長時間長を調べるには, 最長時間長を記録するための変数を定義しておき, 上記で求めた時間長が, 変数に記録されている最長時間長よりも長ければ変数の値を更新するようにすればよい.

これらは以下の手順で設定を行う.

ⅰ）実数型のアトリビュート「到着時刻」を定義する.
ⅱ）パーツ「トレーラー」の発生時アクションでアトリビュート「到着時刻」に時刻
　　を与える（図 11.4.8 の 2 行目）.
ⅲ）実数型の変数「最長時間長」を定義する.
ⅳ）マシン「ゲート」の出力時アクションでトレーラーの到着からゲート通過まで
　　の時間長を調べ，変数「最長時間長」に記録されている値よりも大きければ変数
　　「最長時間長」の値を更新する（図 11.4.9）.

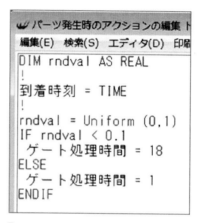

図 11.4.8　パーツ「トレーラー」の発生時アクションの設定例（2）

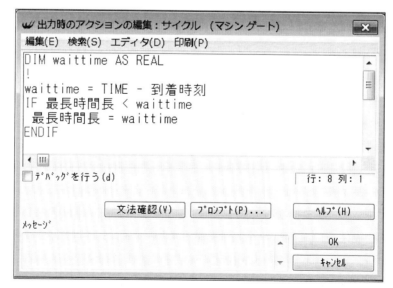

図 11.4.9　マシン「ゲート」の出力時アクションの設定例

5）表示を整える

　トレーラーの書類不備の有無をシミュレーション画面上で判別できるようにするため，パーツ「トレーラー」の発生時アクションで，書類不備車両とのアイコンを変化させる（図11.4.10の8，11行目）.

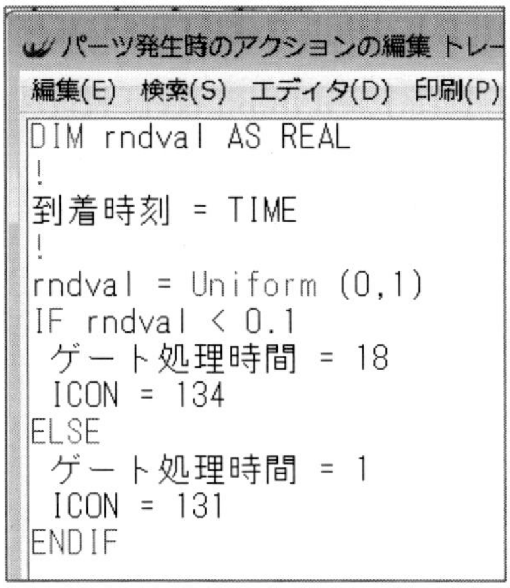

```
パーツ発生時のアクションの編集 トレー
編集(E) 検索(S) エディタ(D) 印刷(P)
DIM rndval AS REAL
!
到着時刻 = TIME
!
rndval = Uniform (0,1)
IF rndval < 0.1
 ゲート処理時間 = 18
 ICON = 134
ELSE
 ゲート処理時間 = 1
 ICON = 131
ENDIF
```

図11.4.10　パーツ「トレーラー」の発生時アクションの設定例（3）

6）作成したモデルを，現状を表現するモデルとして保存する.

7）シミュレーションを実行し，モデルの動作を検証する.

8）上記7）で保存した現状を表現するモデルのコピーを作成して，すべてのトレーラーの書類が正常(ゲートにおける処理時間が 1)になった状態を表現するモデルに変えるため，パーツ「トレーラー」の発生時アクションを修正し，モデルを保存する.

（3）モデルの検証
①モデルを作りながら行う検証

　モデルの検証は，モデルを完成し終えてから行うのでなく，モデルを作っている最中から，作成済の部分が正常に動作するかどうか，少しずつ検証を重ねる. 具体的には，（2）の各項目で以下のような検証を行う.
・1）：モデルに追加したエレメントの種類や数量は合っているか.
・2-1）：トレーラーが表11.4.9の到着時刻や台数に従って到着するか.
・2-2）：エレメントフローで示されているトレーラーの流れが，ゲートを表す4つのマシンすべてを通っているか.
・3）：マシンエレメント「ゲート」を多数回処理させた時の処理時間が，約9割は1，約1割が18になっているか（処理時間をインタラクトボックス等に出力させるアクションを追加して確認する）.

- 4）：「最長時間長」に値が正しく更新されるか
- 5）：トレーラーの書類不備の有無が画面上で正しく表示されるか

　モデルが完成したら，モデルを 1 日分（1,440 分）実行し，トレーラーの動きや出力に異常がないか，再度確認する．

（4）シミュレーションの実行

　以下の 2 つのモデルをそれぞれ 1 日分（1,440 分）実行する．

　　① 1 つ目のモデル：現状を表現するモデル
　　② 2 つ目のモデル：すべてのトレーラーの書類が正常になった状態を表現するモデル

　2 つのモデルのシミュレーション結果のうち，以下の値を比較し，書類を正常にすることで渋滞が解消されることを確認する．

- トレーラーの到着からゲート通過までの最長時間長（変数「最長時間長」の値
　1 つ目のモデル：1169.0588
　2 つ目のモデル：1080.7436

- ゲートの通過待ちの行列の最大長（バッファ「ゲート通過待」を右クリックして[統計量]を選択し，「最大」の値を確認する）
　1 つ目のモデル：182
　2 つ目のモデル：5

11．5　鉱山モデル

11.5.1　事例
（1）シミュレーションの目的

　本事例は，鉱山における荷役運搬システムの事例である．

　鉱山では，鉱物の目標生産量を達成するために，荷役運搬システムを構築する必要がある．荷役運搬システムとは，採掘場で鉱物を掘削する荷役機械（ショベル）と，採掘場から排土場まで鉱物を運ぶ運搬機械（ダンプ）を運用するためのシステムである．ショベルとダンプの運用が適切ではない場合，ショベルのダンプ待ちや，ダンプのショベル待ちが発生する．

　本事例は，以下の 7 つの方法で行う．
①鉱山荷役運搬システムの汎用モデルによるシミュレーション解析の確立
②汎用モデルを使ったシミュレーション解析に関するドキュメントの整理
③鉱山の多数の走路を，汎用モデルへ置き換える方法の検討
④汎用モデルを使った事例のシミュレーション解析

　⑤荷役時間のばらつきが生産量に与える影響の解析
　⑥ショベルの稼働率を最大限に引き出せるトラック台数の解析
　⑦位置合わせシステムの導入効果の検証

（２）システムの概要

　n 個の採掘場と m 個の排土場を構成できる汎用モデルを構築した（図 11.5.1）.
　採掘場（f1〜f3．ショベル含む），排土場（d1〜d3），交通結節点（白色の四角）は
バッファエレメントとし，それらをつなぐ走路（s11, s12, …）を走路エレメントと
した．また，トラック（ダンプ）はビークルエレメントとした．なお，各走路の終端
時アクションでトラックの行先を制御することとした．

（３）モデルの構築
１）汎用モデルによるシミュレーションの特徴

　汎用モデルには以下の 3 つの特徴がある.

　a.ショベルの荷役能力，トラックの運搬能力と運行台数などと生産量の関係が試算
　　できる.

　b.ショベルやトラックなどのモデルのパラメータについては，エクセルファイルで
　　入力可能である.

　c.トラックの運用は固定経路（Fixed Assignment）である.

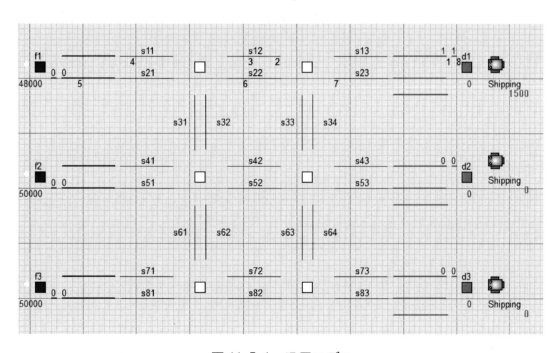

図 11.5.1　汎用モデル

2）汎用モデルの高度化

汎用モデルを以下の2点で高度化した.

  a. トラックの行先（鉱物の届け先）としてホッパー（貯炭槽）のモデルを追加.
  b. 一方通行モデル（車列が途切れたタイミングで逆方向の走行許可）を別途作成
   ⇒改良要望あり：道路整備を考えて，一方通行の時間を設定する.

3）汎用モデルのシミュレーション解析に関するドキュメント

鉱山車両運行システムの汎用モデルは，採掘場から排土場まで，トラックが鉱物を運搬するモデルである（図 11.5.2）.

モデルの概略は，以下のとおりである.

- ・鉱物を採掘場，トラックを走路に投入する.
- ・トラックは走路上を走行し，採掘場で鉱物を積込み，排土場で鉱物を降ろす.
- ・採掘場で鉱物を積み込んだときに，次の行先（排土場）を決定する.
- ・排土場で鉱物を降ろしたとき，次の行先（採掘場）を決定する.
- ・2点間の走行経路は固定とする.（2点間とは，採掘場→排土場，排土場→採掘場）.
- ・すべてのトラックが運搬回数の上限を超えた場合，またはすべての排土場の排土量が目標排土量を上回った場合，シミュレーションは終了する.

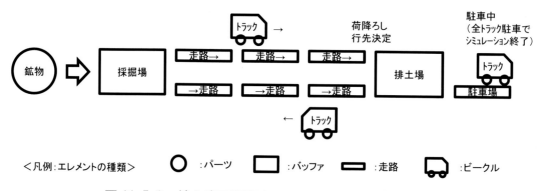

図 11.5.2　鉱山車両運行システムの汎用モデルの概要

4）多数の走路を汎用モデルへ置き換える方法の検討

実際の鉱山のモデルを汎用モデルで扱うために，実際の鉱山を汎用モデルへ置き換える方法を検討した. この結果，汎用モデルで扱うことができることがわかった（図 11.5.3）.

A部分の走路モデリング

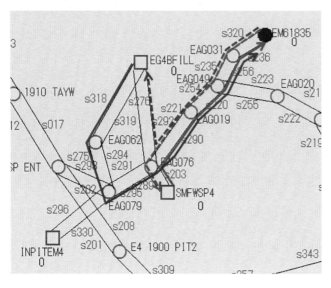

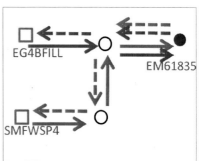

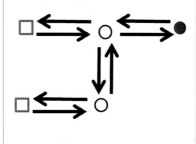

図 11.5.3　実際の鉱山の汎用モデルへの置き換え結果

（４）シミュレーションの実行

１）解析結果

　汎用モデルによるシミュレーション解析の有用性について確認するために，生産量，待ち行列，稼働率に関する解析結果を例示した（図 11.5.4）.

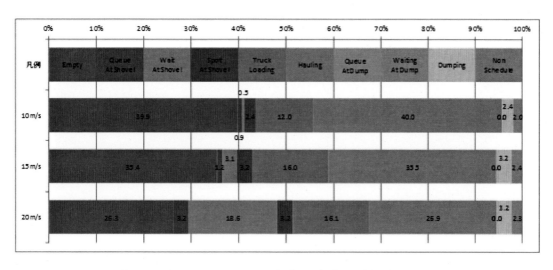

図 11.5.4　トラックの平均走行速度と稼働率の関係

217

２）有用性の確認

　汎用モデルによるシミュレーション解析の有用性について確認するために，トラックの運搬能力とショベルの荷役能力が生産量に与える影響などを検証した（図11.5.5）．

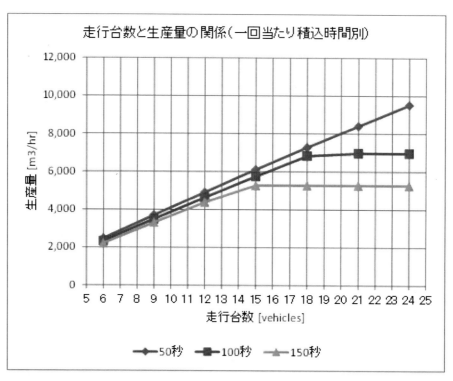

図 11.5.5　積込時間をパラメータにした生産量とトラック運行台数の関係

３）荷役時間のばらつきが生産量に与える影響の解析

　荷役時間のばらつきが生産量に与える影響を，目標生産量に達した時刻により解析した（表11.5.1）．

４）ショベルの稼働率を最大化する運用の解析

　シミュレーション解析によって，ショベルの稼働率を最大限に引き出すためのトラックの運行台数を決定する資料を作成することができることを確認した（図11.5.6）．

表 11.5.1　目標生産量に達した時刻

No.	解析条件項目				目標生産量の24800tに達した時刻	参考値	参考値
	フェイス部分の荷役		積下部分の荷役			秒＞時の換算	秒＞分の換算
	荷役時間	位置合わせ時間	荷役時間	位置合わせ時間			
	[s]	[s]	[s]	[s]	[s]	[Hr]	[min]
1	90	60	0	0	47,930	13.3	799
2		平均値60の指数分布	0	0	50,352	14.0	839
3		40〜80の一様分布			48,133	13.4	802
4		60	0	60	49,790	13.8	830
5		平均値60の指数分布	0	60	52,032	14.5	867
6		40〜80の一様分布			49,993	13.9	833
7		60	30	0	48,860	13.6	814
8		平均値60の指数分布	30	0	51,192	14.2	853
9		40〜80の一様分布			49,063	13.6	818
10		60	30	60	50,720	14.1	845
11		平均値60の指数分布	30	60	52,874	14.7	881
12		40〜80の一様分布			50,923	14.1	849
13	90	40〜80の一様分布	60	180	61,126	17.0	1,019

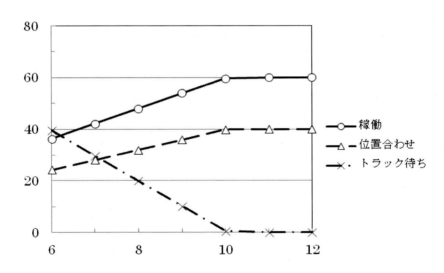

図 11.5.6　フェイス部分におけるショベルの稼働率とトラック運用台数の関係

５）位置合わせシステムの導入効果の検証

　鉱山の荷役場所などで効果を発揮すると期待されているトラックの位置合わせシステムの導入効果を検証する．このために，システムを導入した場合と導入しなかった場合の鉱山生産量を比較する．ここで用いられる生産量は，当該研究成果である離散系システムシミュレーション解析を使って導出された値である．

　下表に示すように，事例では，位置合わせシステムを導入しない場合，練度の低いトラック運転手が採用されてから 3 カ月間で累積 395 千トンの損失が生じる結果となった（図 11.5.7）．

表 11.5.2　位置合わせシステムの導入による生産量の変化

経過日	未導入		導入済		導入未済差分	
	1日生産量	累積生産量	1日生産量	累積生産量	1日生産量	累積生産量
	[t/d]	[t]	[t/d]	[t]	[t/d]	[t]
1	41,736	41,736	50,520	50,520	8,784	8,784
2	41,835	83,571	50,520	101,040	8,685	17,469
3	41,933	125,504	50,520	151,560	8,587	26,056
…	…	…	…	…	…	…
30	44,598	1,295,013	50,520	1,515,600	5,922	220,587
…	…	…	…	…	…	…
60	47,559	2,678,853	50,520	3,031,200	2,961	352,347
…	…	…	…	…	…	…
90	50,520	4,151,520	50,520	4,546,800	0	395,280

11.5.2　サンプルモデル

（1）問題

　1 つの採掘場（Ouarry）と 2 つの排土場（DumpA, DumpB）があり，採掘場と排土場の間には 8 つの走路（r1〜r8）がある．採掘場（Quarry）には 100 個の鉱物（Ore）があり，鉱物（Ore）は 9 台のトラック（Truck）を用いて採掘場からいずれかの排土場に運搬する．運搬先の排土場を決めるルールは以下の 3 つとする（図 11.5.7）．

　　Ptn=1:運搬先は DumpA を選択

　　Ptn＝2:運搬先は DumpB を選択

　　Ptn＝3:運搬先は DumpA と DumpB のうち，採掘場から排土場までのトラック台数が少ない方を選択

各データは以下のとおり設定する．

Quaryy　　容量　1,000 個
DumpA　　容量　1,000 個
DumpB　　容量　1,000 個
r1〜r8　容量 5
　　　　表示長さ 5
　r2　荷積み時間 5 分
　r3, r7　荷おろし時間 20 分

Truck　数量 9 台
　　　　スピード（空車時）: 1.0
　　　　スピード（積載時）: 1.0

このとき，各ルールにおいて，すべての鉱物の運搬が終了する時刻を求めよ.

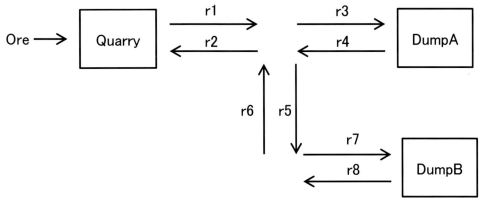

図 11.5.7　システムの概要

（2）モデルの作成
1）エレメントの定義と設定

　本モデルでは，表 11.5.3 のエレメントを定義・設定した.

表 11.5.3　エレメントの定義と設定

名前	種類	設定
Quarry	バッファ	数量 : 1 容量 : 1000 インアクション : Ore_vol = TotalIn (Quarry)
DumpA	バッファ	数量 : 1 容量 : 1000 インアクション :（表 11.5.4 参照）
DumpB	バッファ	数量 : 1 容量 : 1000 インアクション :（表 11.5.5 参照）
r1	走路	数量 : 1 容量 : 5 実際の長さ : 表示長さ 表示長さ : 5 アウトプットルール :（表 11.5.6 参照）

名前	種類	設定
r2	走路	数量：1
		容量：5
		実際の長さ：表示長さ
		表示長さ：5
		アウトプットルール：PUSH to r1
		荷積みをする：✓
		移動モード：常に
		荷積み個数：1
		荷積み時間：5.0
		荷積みインプットルール：PULL from Quarry
r3	走路	数量：1
		容量：5
		実際の長さ：表示長さ
		表示長さ：5
		アウトプットルール：PUSH to r4
		荷降ろしをする：✓
		移動モード：常に
		荷降ろし個数：全部
		荷降ろし時間：20.0
		荷降ろしアウトプットルール：PUSH to DumpA
r4	走路	数量：1
		容量：5
		実際の長さ：表示長さ
		表示長さ：5
		アウトプットルール：PUSH to r2
r5	走路	数量：1
		容量：5
		実際の長さ：表示長さ
		表示長さ：5
		アウトプットルール：PUSH to r7
r6	走路	数量：1
		容量：5
		実際の長さ：表示長さ
		表示長さ：5
		アウトプットルール：PUSH to r2
r7	走路	数量：1
		容量：5

名前	種類	設定
		実際の長さ：表示長さ
		表示長さ：5
		アウトプットルール：PUSH to r8
		荷降ろしをする：✓
		移動モード：常に
		荷降ろし個数：全部
		荷降ろし時間：20.0
		荷降ろしアウトプットルール：PUSH to DumpB
r8	走路	数量：1
		容量：5
		実際の長さ：表示長さ
		表示長さ：5
		アウトプットルール：PUSH to r6
Ore	パーツ	到着のタイプ：受動的
Truck	ビークル	数量：9
		容量：1
		アウトプットルール：PUSH to r4
		スピード（空車時）：1.0
		スピード（積載時）：1.0
Ore_vol	変数	型：整数
		数量：1
Reserve	パーツファイル	実ファイル名：Ore.txt　　　※表 11.5.7 参照．モデルと同じフォルダに保存
		再スタート：（チェックなし）
		アウトプットルール：PUSH to Quarry
Ptn	変数	型：整数
		数量：1

表 11.5.4　バッファ DumpA のインアクション

```
IF NParts (DumpA) + NParts (DumpB) = Ore_vol
      STOP
ENDIF
```

表 11.5.5　バッファ DumpB のインアクション

```
IF NParts (DumpA) + NParts (DumpB) = Ore_vol
      STOP
ENDIF
```

表 11.5.6　走路 r1 のアウトプットルール

```
IF Ptn = 1
        PUSH to r3
ELSEIF Ptn = 2
        PUSH to r5
ELSEIF Ptn = 3
        IF NVehicle (r3) <= NVehicle (r5) + NVehicle (r7)
                PUSH to r3
        ELSE
                PUSH to r5
        ENDIF
ELSE
        Wait
ENDIF
```

表 11.5.7　Ore.txt

```
Ore,100, 0.0
```

2）表示設定

　モデルのレイアウトは，図 11.5.8 のとおりである．

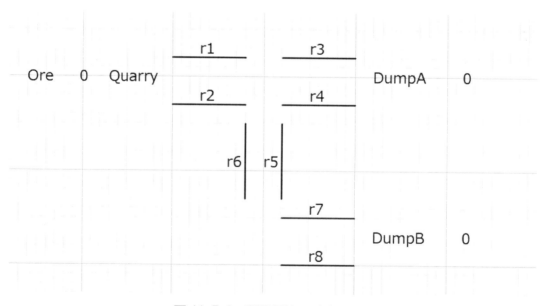

図 11.5.8　WINTESS の実行画面

注）［Ore］の右の”0”は埋蔵量、［DumpA］［DumpB］の右の "0" は排土量

3）その他の設定

　表 11.5.8 の初期設定アクションを設定した.

表 11.5.8　初期設定アクション

```
Ptn = 1
!
!1:DumpA のみ排土
!2:DumpB のみ排土
!3:DumpA と DumpB で排土（走路上のトラック台数均一）
```

（3）シミュレーションの実行

　実行した結果は，以下のとおりであった.

　　Ptn ＝ 1 のとき，終了時刻は 2,124 分

　　Ptn ＝ 2 のとき，終了時刻は 2,129 分

　　Ptn ＝ 3 のとき，終了時刻は 1,095 分

11．6　レジモデル

11.6.1　事例

（1）シミュレーションの目的

　リテール産業の店舗，大規模小売店舗では，商品の魅力に加えて，店舗サービスの充実が求められている．その店舗サービスの一つに，レジでの会計，すなわち，チェックアウトがある.

　そこで，生鮮食料品などを扱うスーパーマーケットのチェックアウトを対象に，把握が難しいとされる処理能力の確認を目的とする．また，チェックアウトにおける様々な改善の効果を検証する.

（2）システムの概要

　本事例の店舗のチェックアウトは，来店客と店舗スタッフであるチェッカーが対面でチェックアウトする有人レジ（図 11.6.1）8 台と来店客のみでチェックアウトも可能なセルフレジ（図 11.6.2）6 台で構成されている．有人レジのチェッカーは，検品，商品のサッキング，会計といったチェックアウトを行う．このとき，チェッカーは 1 名のみで一連のチェックアウト処理を行う運用と，2 名で，検品と商品のサッキング，会計を分担して行う運用がある．また，セルフレジは，複数台のレジでのチェックアウトにおいて，不具合が生じた場合に 1 名のアテンダントで対応している．1 名のアテンダントで担当する複数台のレジを 1 ブロックと本事例では呼称する.

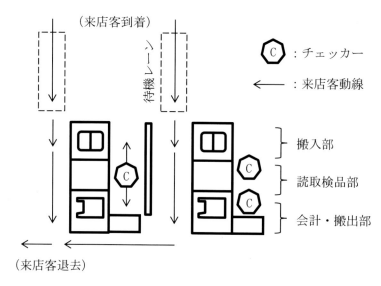

図 11.6.1　システムの概要（有人レジのチェックアウト）

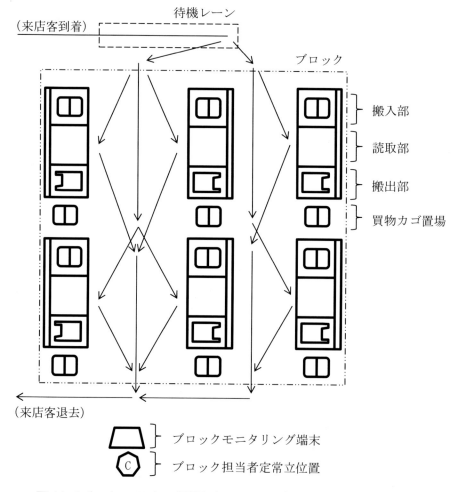

図 11.6.2　システムの概要（セルフレジのチェックアウト）

　なお，セルフレジは，会計のみを対象にし，検品はチェッカーが行う運用など，いくつもの運用がなされており，本事例の運用形態のみではないことに注意されたい．有人レジとセルフレジのチェックアウトの一連の処理は，購入商品の検品，会計を来店客，チェッカー，自動機が対応するかの違いはあるものの，処理の流れは，基本的に同じである（図 11.6.3）．

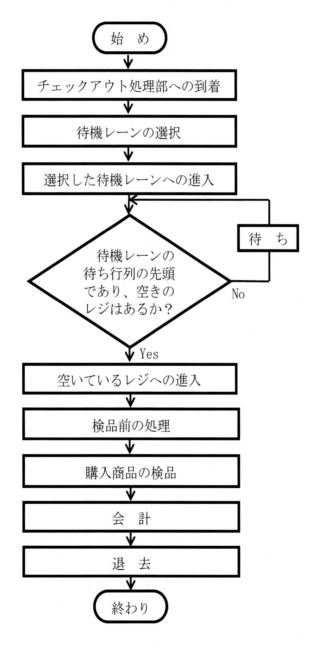

図 11.6.3　チェックアウトの流れ

（3）モデルの構築

1）モデルの構成要素

　本事例のセルフレジと有人レジのシミュレーションは，来店客モデル，ブロック担当者モデル，待機レーンモデル，ブロックモデルの４つで構成される．表 11.6.1〜表 11.6.4 は各モデルの内容である．

表 11.6.1　来店客モデルにおける属性

属　　性		型	付与される内容
入力・構造	区分	文字列	セルフ型レジスタでの前処理作業，検品作業，会計作業に要する時間は，性別と年齢などによって異なる傾向がある．この差異を区分する名称が付与される．例えば，この属性には，単身者，家族連れ，女性高齢者，男性高齢者などが入力される．
	到着時間間隔	実　数	来店客が到着する時間間隔が付与される．固定値を用いる場合，平均到着率などを用いて確率分布で指定する場合がある．
	待機レーン	整　数	来店客が進入する待機レーン番号が付与される．
	前処理, 検品, 会計の作業時間	実　数	セルフ型レジスタでのチェックアウト処理に費やす作業時間が入力される．
	チェックアウト時の不具合, 介助などの頻度	実　数	セルフ型レジスタでのチェックアウト処理時に発生する不具合の頻度が付与される．
出力・解析	累積到着客数	整　数	シミュレーション終了時刻までの間にチェックアウト処理部分に到着した来店客数である．
	累積退去客数	整　数	シミュレーション終了時刻までの間にチェックアウト処理を終えて退去した来店客数である．
	現在の来店客数	整　数	累積到着客数から累積退去客数を引いたものと同じ値となる．
	平均滞在数	実　数	シミュレーション終了時刻までの間で，待機レーンからチェックアウト処理終了に至っていない平均来店客数である．
	平均滞在時間	実　数	平均滞在時間は，シミュレーション終了時刻までの間での来店客の平均リードタイム，すなわち，待機レーンに進出してからチェックアウト処理を終えるまでの来店客が費やす平均時間である．

表 11.6.2　ブロック担当者モデルにおける属性

属　性		型	付与される内容
入力・構造	名　前	文字列	ブロック担当者を識別するための氏名やコード番号などが付与される.
	担当ブロック	整　数	担当するブロック番号が付与される.
	対応時間	実　数	来店客からの呼び出し, セルフ型レジスタの稼働状況モニタリングシステムからのアラーム, 介助などへの対応時間が付与される. 固定値を用いる場合, 平均値を用いて確率分布で指定する場合がある.
出力・解析	稼働率	実　数	シミュレーション終了時刻までの間における来店客からの呼び出し, セルフ型レジスタの稼働状況モニタリングシステムからのアラーム, 介助など, セルフチェックアウト処理の保全に対応した時間の割合.
	保全対応実績回数	整　数	シミュレーション終了時刻までの間におけるセルフチェックアウト処理の保全に対応した回数.
	平均対応実績時間	実　数	シミュレーション終了時刻までの間におけるセルフチェックアウト処理の保全１回に対応した平均時間.

表 11.6.3　待機レーンモデルにおける属性

属　性		型	付与される内容
入力・構造	名　前	文字列	待機レーンを識別するためのコード番号などが付与される.
	接続ブロック	整　数	接続するブロック番号が付与される.
	許容待ち行列長さ	整　数	待機レーンが許容できる最大の待ち行列長さが付与される.
出力・解析	累積利用者数	整　数	シミュレーション開始時刻から終了時刻までの間に待機レーンに進入した来店客数である. すべての待機レーンの累積利用者数の総和は, シミュレーションで発生させた来店客数となる.
	現在の利用者数	整　数	任意のシミュレーション時刻における待機レーンに滞在する来店客数である.
	最大待ち行列長さ	整　数	シミュレーション終了時刻までの間で, 待機レーンに生じた最大待ち行列の長さである. 許容待ち行列長さを超えることはない.

平均滞在数	実　数	シミュレーション開始時刻から終了時刻までの間に待機レーンに滞在していた平均来店客数である．ブロックでチェックアウト処理を受ける前の平均待ち行列長さと同意である．
平均滞在時間	実　数	シミュレーション開始時刻から終了時刻までの間の待機レーンにおける来店客の平均滞在時間である．ブロックでチェックアウト処理を受ける前の平均待ち時間と同意である．

表 11.6.4　ブロックモデルにおける属性

属　性		型	付与される内容
入力・構造	名　前	文字列	ブロックを識別するためのコード番号などが付与される．
	セルフ型レジスタ設置台数	整　数	当該ブロックに設置されるセルフ型レジスタの台数．通常，4台とされるのが実状である．
	接続退去レーン	文字列	来店客がチェックアウト処理を終えて退去するために接続するレーンのコード番号などが付与される．
出力・解析	セルフ型レジスタごとのチェックアウト処理客数	整　数	シミュレーション開始時刻から終了時刻までの間にセルフ型レジスタがチェックアウト処理を行った来店客数である．
	セルフ型レジスタごとの稼働率	実　数	シミュレーション終了時刻までの間におけるセルフ型レジスタの稼働時間の割合である．
	セルフ型レジスタごとの未利用率	実　数	シミュレーション終了時刻までの間において，セルフ型レジスタが稼働せず，保全待ちや保全状態でもないアイドル時間の割合である．
	セルフ型レジスタごとの保全対応率	実　数	シミュレーション終了時刻までの間における来店客からの呼び出し，セルフ型レジスタの稼働状況モニタリングシステムからのアラーム，介助など，セルフチェックアウト処理の保全に対応した時間の割合である．
	セルフ型レジスタごとの保全待ち率	実　数	シミュレーション終了時刻までの間で，ブロック内の任意のセルフ型レジスタにおいて保全要求があるにもかかわらず，他のセルフ型レジスタの保全でブロック担当者の手が回らず，保全待ちであった時間の割合である．

　本事例のセルフレジと有人レジのシミュレーションを行うにあたり，POS データと目視による観察から入力値と条件を導出した．平日の夕刻の繁忙時間帯 2 時間を対象に，POS データから，レジでのチェックアウトの客数，客一人あたりのチェックアウト処理時間と買い上げ点数などを把握した．目視による観察では，チェックアウトごとの来店客について，おおよその年齢区分，単独か，複数人かなどを確認している．シミュレーションに用いる入力値と条件を次に示す．

２）セルフレジ

　セルフレジ 1 台あたりのチェックアウト処理力は，20.7 ［組/（1 時間・1 台レジ）］であった（表 11.6.5）．セルフレジのシミュレーションで用いる入力値では，チェックアウトの来店客一組をおおよその年齢と人数で区分している．これは，セルフレジでのチェックアウトでは，来店客ごとの検品に費やす時間が大きく異なると言われているためである．シミュレーションでは，来店客の到着は，表 11.6.1 に示した区分となるようにした．また，到着した区分の来店客の検品前処理，検品，会計を合わせたサービス時間は，平均チェックアウト時間から平均待ち時間を差し引いた値とした．

表 11.6.5　セルフレジの平均待ち時間と平均チェックアウト時間

チェックアウト来店客の区分	客　数 ［組］	平均待ち時間 ［秒］	平均チェックアウト時間 ［秒］
小中学生と見える方	2		63
高校生と見える方	3		53
18 歳から 70 歳程度までの大人の方	133		151
70 歳以上に見える方	15	58	130
高校生までの子連れの方	51		189
大人だけの組合せの方	44		168
合　計	248		

３）有人レジ

　有人レジ 1 台あたりのチェックアウト処理力は，44.3 ［組/（1 時間・1 台レジ）］であった（表 11.6.6）．また，検品時間の平均は 41.1 秒，会計時間の平均は 30.3 秒，平均買上商品点数の平均は 14.5，買上商品 1 点あたりの検品時間は 2.9 秒であった（表 11.6.7）．シミュレーションでは，これらの買上商品 1 点あたりの検品時間，買上商品点数，会計時間のそれぞれの平均値を合算してサービス時間とした．

表 11.6.6　有人レジのチェックアウト処理力

レジ No.	客数 [組]	実稼働時間 [秒]	チェックアウト処理力 [組/（1 時間・1 台レジ）]
1	79	5836	48.7
2	80	7244	39.8
3	102	7073	51.9
4	60	5073	42.6
5	83	7244	41.2
6	83	6681	44.7
7	91	7110	46.1
8	30	3127	34.5

注）繁忙時間帯であるため，2 人制レジで運用していたこともある.

表 11.6.7　チェックアウト処理一人あたりの検品時間など

項　　目	平均値	最小値	最大値	標準偏差
スキャン時間 [秒]	41.1	1	234	35.2
会計時間 [秒]	30.3	0	152	17.9
平均買上商品点数	14.5	1	67	10.7
買上商品 1 点あたりの検品時間 [秒]	2.9	0.2	36.0	2.3

（4）シミュレーションの実行
1）実行計画
　図 11.6.4 はシミュレーションの実行のイメージである. シミュレーションは，次の事項を明らかにできる
・チェックアウト前の客の待ち行列特性　　（行列長さと待ち時間）
・レジの稼働率とチェッカー，アテンダントの繁忙率
・セルフレジのアテンダントが，チェックアウト来店客の不具合への対応を開始するまでの待ち時間等

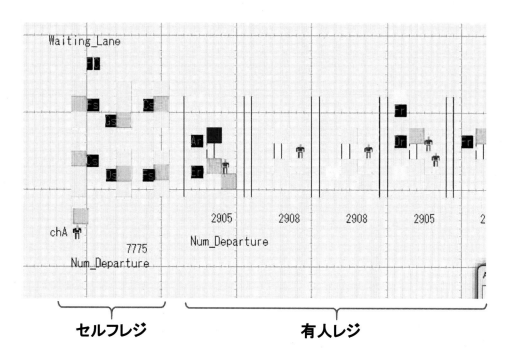

図 11.6.4　シミュレーションのイメージ

　セルフレジ 6 台，1 人制有人レジが 5 台，2 人制有人レジ 3 台のシミュレーションを，解析時間が繁忙時間帯 2 時間の 10 日間分で実行した．

２）シミュレーション結果

　1 人制の有人レジの場合，スキャン部 51.4%，会計部 38.4%，稼働率 89.9% であった．2 人制の有人レジの場合，スキャン部 53.9%，会計部 38.2% であった．セルフレジの場合，客の準備による占有 15%，スキャン部 50.8%，会計部 18.2% であった（表 11.6.8）．

　アテンダントの平均繁忙率は，1 人制の有人レジは 89.9%，2 人制の有人レジはスキャン 53.9%・会計 38.2%，セルフレジは 28.7% であった（表 11.6.9）．

　セルフレジにおける平均待ち時間は，10.0〜12.6 秒であった（表 11.6.10）．

　アテンダント待ちの時間が最も長い場合 123 秒であった（表 11.6.11）．

表 11.6.8　レジ方式ごとの稼働率

レジ方式	客の準備による占有 [%]	スキャン部 [%]	会計部 [%]	レジごとの稼働率 [%]
1 人制	---	51.4	38.4	89.9
2 人制	---	53.9	38.2	（未算定）
セルフ	15.0	50.8	18.2	84.1

表 11.6.9　アテンダントの繁忙率

レジ方式	アテンダントの平均繁忙率 ［%］
1 人制	89.9
2 人制（検品）	53.9
2 人制（会計）	38.2
セルフ	28.7

注：セルフレジのアテンダントの繁忙率は，1，2 人制の有人レジの作業状態と定義が異なる．このため，このシミュレーションモデルでは，低い繁忙率になっている．例えば，シミュレーションモデルでは，アテンダントのターミナルでの画面処理，セルフレジ台の清掃，保全などは考慮されていない．

表 11.6.10　セルフレジにおける平均アテンダント待ちの時間

セルフレジ No.	平均アテンダント待ち時間 ［秒］
1	10.0
2	11.4
3	11.0
4	12.6
5	11.7
6	10.2

注：アテンダントの対応が 1,741 回発生した事例である．
　　なお，アテンダントの待ち時間が 10 秒を超えたものは 577 回あった．

表 11.6.11　シミュレーション解析におけるアテンダント待ち時間のワースト 5

項　　目	アテンダント待ち時間 ［秒］
ワースト 1	123
ワースト 2	120
ワースト 3	111
ワースト 4	101
ワースト 5	91

3）解析結果

　有人レジの機器改善とチェッカー教育の効果について解析する．次に示す釣銭器導入などの設備投資による会計時間の短縮，チェッカー教育による検品時間の短縮によって，単位時間あたりの有人レジの対応客数の向上効果を明らかにする．
・釣銭器導入による会計時間の 8 秒短縮
・店舗のチェッカー平均の買上商品 1 点あたり 2.9 秒の検品時間から，熟練者平均の 2.5 秒へ短縮．

　会計時間の短縮効果は，1 人制レジ，2 人制レジに関わらず，対応客数は向上した．図 11.6.5 は，会計時間ごとの平均対応客数を示したものである．1 人制レジの場合，会計時間を 42 秒から 34 秒に変更した場合，対応客数が 1 時間あたり 35.9 組/時間から 38.9 組へと 3 組多くなった．

　チェッカー教育による検品時間の短縮についても，1 人制レジ，2 人制レジに関わらず，対応客数は向上した．図 11.6.6 は，買上 1 点あたりの検品時間ごとの平均対応客数を示したものである．1 人制レジの場合，買上 1 点あたりの検品時間を 2.9 秒から 2.5 秒に更新できた場合，対応客数が 1 時間あたり 35.9 組から 38.2 組と 2.3 組多くなった．

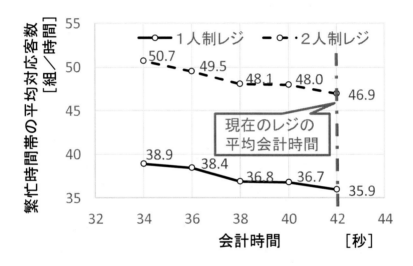

図 11.6.5　繁忙時間帯の平均対応客数と会計時間の関係

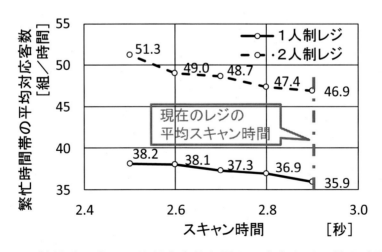

図 11.6.6　繁忙時間帯の平均対応客数と買上 1 点あたりの検品時間の関係

　また，会計時間と検品の両方を改善した結果，1 人制レジの場合の 1 時間あたりの対応客数は 35.9 組から 40.8 組，2 人制レジの場合 46.9 組から 53.2 組に向上することがわかった（図 11.6.7）．

現行：
1点あたりのスキャン時間　2.9[秒/個]
会計時間　42秒

繁忙時間帯の平均対応客数：
1人制レジ　35.9[人/時間]
2人制レジ　46.9[人/時間]

新機種導入後とチェッカー教育：
1点あたりのスキャン時間　2.5[秒/個]
会計時間　36秒

繁忙時間帯の平均対応客数：
1人制レジ　40.8[人/時間]
2人制レジ　53.2[人/時間]

図 11.6.7　有人レジの機器改善とチェッカー教育の効果分析

11.6.2　サンプルモデル
（1）問題
　本節では，前節で紹介した事例を簡易化した問題を提示する．

　客はランダムに有人レジかセルフ人レジを選択する．有人レジは 5 つとし，それぞれのレジに待ち行列が発生する．到着した客は待ち行列が最も短いレジを選択する．セルフレジは 5 つとし，待ち行列は全体で 1 つとする．到着した客は待ち行列に並び，待ち行列の先頭に来た時に空いているレジを選択する．

　各データは以下のとおり設定する．

客	到着間隔 10 秒
有人レジ待ち	数量 5 列
	容量 1,000 人
セルフレジ待ち	数量 1 列
	容量 1,000 人
有人レジ	数量 5 台
	サイクルタイム 100 秒
セルフレジ	数量 5 台
	サイクルタイム 100 秒
	5 回に 1 回は故障し，にスタッフが修理し，修理に 10 秒を要する
スタッフ	数量 1 人

このとき，シミュレーション開始から 1,000 秒後の有人レジ最大待ち行列長とセルフレジ最大待ち行列長を求めよ．

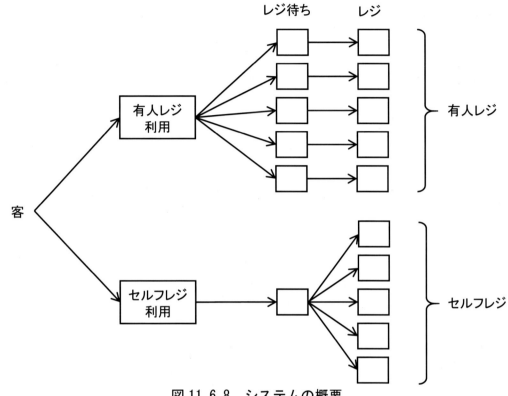

図 11.6.8　システムの概要

（２）モデルの作成

1）エレメントの定義と設定

本モデルでは，表 11.6.12 のエレメントを定義・設定した．

表 11.6.12　エレメントの定義と設定

名前	種類	設定
客	パーツ	到着のタイプ：能動的 到着時間間隔：10.0 アウトプットルール：（表 11.6.13 参照）
有人レジ	マシン	数量：5 種類：シングル インプットルール：PULL from 有人レジ待ち(N) サイクルタイム：100.0 アウトプットルール：PUSH to SHIP

名前	種類	設定
セルフレジ	マシン	数量：5 種類：シングル インプットルール：PULL from セルフレジ待ち サイクルタイム：100.0 アウトプットルール：PUSH to SHIP [故障]タブ・モード：処理回数 [故障]タブ・処理回数：5 [故障]タブ・レイバールール：スタッフ [故障]タブ・修理時間：10
dummy	変数	型：整数 数量：1
有人レジ待ち	バッファ	数量：5 容量：1000 インアクション：（表 11.6.14 参照）
セルフレジ待ち	バッファ	数量：1 容量：1000 インアクション：（表 11.6.15 参照）
有人レジ利用	マシン	数量：1 種類：シングル サイクルタイム：0.0 終了時アクション：（表 11.6.16 参照） アウトプットルール：PUSH to 有人レジ待ち(dummy)
スタッフ	レイバー	数量：1
有人レジ最大待ち行列長	変数	型：整数 数量：1
セルフレジ利用	マシン	数量：1 種類：シングル サイクルタイム：0.0 アウトプットルール：PUSH to セルフレジ待ち
セルフ人レジ最大待ち行列長	変数	型：整数 数量：1

表 11.6.13　パーツ客のアウトプットルール

```
IF Random (100,1) <= 0.5
        PUSH to 有人レジ利用
ELSE
        PUSH to セルフレジ利用
ENDIF
```

表 11.6.14　バッファ有人レジ待ちのインアクション

```
DIM k AS INTEGER
!
FOR k = 1 TO 5
        IF NParts (有人レジ待ち(k)) > 有人レジ最大待ち行列長
                有人レジ最大待ち行列長 = NParts (有人レジ待ち(k))
        ENDIF
NEXT
```

表 11.6.15　バッファセルフレジ待ちのインアクション

```
IF NParts (セルフレジ待ち) > セルフレジ最大待ち行列長
        セルフレジ最大待ち行列長 = NParts (セルフレジ待ち)
ENDIF
```

表 11.6.16　マシン有人レジ利用の終了時アクション

```
DIM k AS INTEGER
DIM mlen AS INTEGER
!
dummy = 1
mlen = NParts (有人レジ待ち(1))
!
FOR k = 2 TO 5
        IF mlen > NParts (有人レジ待ち(k))
                dummy = k
                mlen = NParts (有人レジ待ち(k))
        ENDIF
NEXT
```

2）表示設定

　モデルのレイアウトは，図 11.6.9 のとおりである．

239

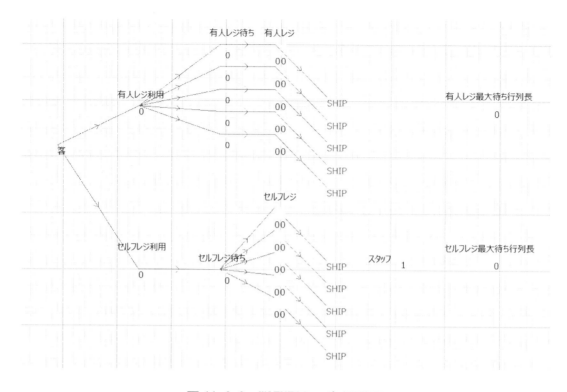

図 11.6.9　WITNESS の実行画面

注）［有人レジ待ち］［セルフレジ待ち］の"0"は待っている客数、［有人レジ］［セルフレジ］の"00"
　　は左が「パーツの列」、右が「レイバーの列」を表す

（3）シミュレーションの実行

　実行した結果，1,000 秒の時点で，有人レジ最大待ち行列長は 1，セルフレジ最大
待ち行列長は 6 であった.

参考文献

1）杉山尚美・名富知・手島文彰：「生産シミュレーション技術の健診サービスへの適
　　用」，東芝レビュー, 70, 12, 2015, pp.32-35.

付録

A. WITNESS の豆知識・テクニック集

複雑なモデルは WITNESS の基本的な技術を多数組み合わせて実現される.
本章では,実務上の課題解決のために実装されたモデル例を紹介する.

A. 1 渋滞長の出力例の紹介

A.1.1 モデルの概要

AGV_sample.mod は,走路の渋滞状況やビークルの稼働状況の出力方法を紹介するためのモデルである.

A.1.2 モデルの動作

20 台のビークルが,二重の走路を周回している(図 A.1.1).

走路 Tr3 に到着したビークルは,必ず走路 Tr3x に移動して荷積みし,走路 Tr1 で荷降しする.

走路 Tr5 に到着したビークルは,走路 Tr5 の出口で駐車し,待機する.待機しているビークルは,バッファ B3 にパーツが到着したタイミングで生じる搬送要求を受けて,走路 Tr5x に移動して荷積みし,走路 Tr6 で荷降しする.

荷積みには 5 分かかり,走路 Tr3 と走路 Tr5 は荷積みを行う走路の手前であるため,ビークルが渋滞する.

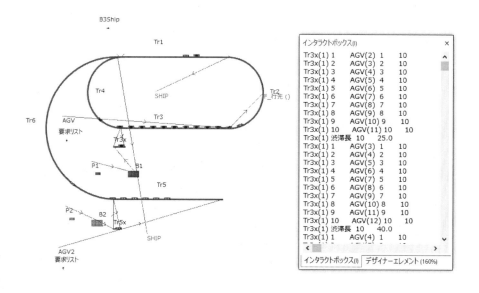

図 A.1.1 サンプルモデル AGV_sample の画面

A.1.3　モデルの出力

　本モデルでは，走路の渋滞状況やビークルの稼働状況に関して，以下のデータを出力する．

　①渋滞長（渋滞で行列に並んでいるビークルの数）

　・ビークルがブロック状態であった時間の割合（ブロック状態とは，前方に他のビークルがいて進めない状態)

　②ビークルの稼働率

　③ビークルが走路に出入りした時刻

A.1.4　出力に関する設定箇所

（１）渋滞長

　渋滞長を求めるユーザ関数 ”Fn_渋滞長(*走路名*)” を，表 A.1.1 のように設定している．そして，走路 Tr3x の荷積時アクションで，表 A.1.2 のようにユーザ関数を呼び出すことで，走路 Tr3 の渋滞長を計算し，インタラクトボックスに出力する．

表 A.1.1　ユーザ関数 Fn_渋滞長のアクション

```
DIM nn AS INTEGER
DIM kk AS INTEGER
!
nn = NVehicle (n 走路名)
IF nn = 0
  RETURN 0
ELSE
  FOR kk = 1 TO nn
    PRINT ELEMENT,kk,Vehicle (n 走路名,kk),Location (Vehicle (n 走
路名,kk)),nn
    IF kk <> Location (Vehicle (n 走路名,kk))
      GOTO lab100
    ENDIF
  NEXT
ENDIF
PRINT ELEMENT,"渋滞長",nn,TIME
RETURN nn

LABEL lab100
PRINT ELEMENT,"渋滞長",kk - 1,TIME
RETURN kk - 1
```

表 A.1.2　走路 Tr3x の荷積時アクション

```
Fn_渋滞長 (Tr3)
```

242

（2）ビークルの稼働率

　メニューバーに「AGV 稼働率」ボタンが追加されている．「AGV 稼働率」はユーザコマンドを実行するボタンであり，ボタンを押すと関数 PUTIL(*エレメント名，状態番号*)を用いて，ビークル"AGV"と"AGV2"の状態が状態番号 1~10 であった時間の割合を計算して，変数"AGV1 統計量"と"AGV2 統計量"に格納する（表 A.1.3）．

　ビークルの稼働率は，ビークルが駐車（状態番号が 8）以外の状態だった時間の割合である．例えば，シミュレーションの経過時刻 1,440 分のときの変数"AGV2 統計量(3,8)"の値が 10.3681 とする．このことから，時刻 1,440 分までにビークル"AGV2(3)"の状態が駐車であった時間の割合は約 10% であり，ビークルの稼働率は約 90% とわかる（図 A.1.2）．

表 A.1.3　ユーザコマンド"AGV 稼働率"のアクション

```
DIM KK AS INTEGER
DIM NN AS INTEGER
!
FOR KK = 1 TO 20
  FOR NN = 1 TO 9
    AGV1 統計量(KK, NN) = PUtil (AGV(KK),NN)
  NEXT
NEXT

FOR KK = 1 TO 10
  FOR NN = 1 TO 9
    AGV2 統計量(KK, NN) = PUtil (AGV2(KK),NN)
  NEXT
NEXT
```

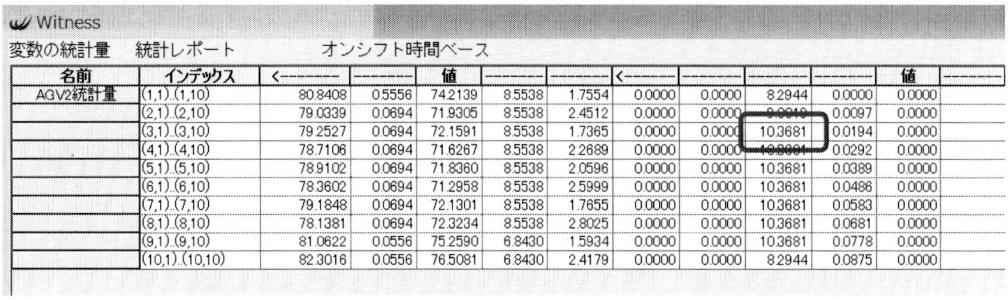

名前	インデックス	<-------		値	-------	-------	<------		-------	-------	値	-------
AGV2統計量	(1,1)..(1,10)	80.8408	0.5556	74.2139	8.5538	1.7554	0.0000	0.0000	8.2944	0.0000	0.0000	
	(2,1)..(2,10)	79.0339	0.0694	71.9305	8.5538	2.4512	0.0000	0.0000		0.0097	0.0000	
	(3,1)..(3,10)	79.2527	0.0694	72.1591	8.5538	1.7365	0.0000	0.0000	10.3681	0.0194	0.0000	
	(4,1)..(4,10)	78.7106	0.0694	71.6267	8.5538	2.2689	0.0000	0.0000	10.3681	0.0292	0.0000	
	(5,1)..(5,10)	78.9102	0.0694	71.8360	8.5538	2.0596	0.0000	0.0000	10.3681	0.0389	0.0000	
	(6,1)..(6,10)	78.3602	0.0694	71.2958	8.5538	2.5999	0.0000	0.0000	10.3681	0.0486	0.0000	
	(7,1)..(7,10)	79.1848	0.0694	72.1301	8.5538	1.7655	0.0000	0.0000	10.3681	0.0583	0.0000	
	(8,1)..(8,10)	78.1381	0.0694	72.3234	8.5538	2.8025	0.0000	0.0000	10.3681	0.0681	0.0000	
	(9,1)..(9,10)	81.0622	0.0556	75.2590	6.8430	1.5934	0.0000	0.0000	10.3681	0.0778	0.0000	
	(10,1)..(10,10)	82.3016	0.0556	76.5081	6.8430	2.4179	0.0000	0.0000	8.2944	0.0875	0.0000	

図 A.1.2　変数"AGV2 統計量(3,8)"の値の表示箇所
（変数"AGV2 統計量(3,8)"を右クリックして[統計量]を選択）

（3）ビークルが走路に出入りした時刻

　アトリビュート At_Tm は，以下の 3 種類の時刻を記録しておくためのエレメントである．

・ビークルが走路 Tr3 の始端に到着した時の時刻

・ビークルが走路 Tr3 の終端に到着した時の時刻
・ビークルが走路 Tr3x の始端に到着した時の時刻

走路 Tr3 の始端時のアクションで At_Tm(1)，走路 Tr3 の終端時アクションで At_Tm(2)，走路 Tr3x の始端時のアクションで At_Tm(3)に，そのときの時刻を記録する（表 A.1.4～表 A.1.6）．

走路 Tr3x から出発して走路 Tr4 に到着したタイミングで，At_Tm(1)～ At_Tm(3) の値とそのときの時刻をファイルエレメント"Fl_移動履歴"に書き出す．これにより，走路 Tr3 と走路 Tr3x に出入りした時刻を，外部ファイル" Fl_移動履歴.csv"に出力している．

表 A.1.4　走路"Tr3"の乗った時のアクション

```
VTYPE AT 0:At_Tm (1) = TIME
```

表 A.1.5　走路"Tr3"の終端時アクション

```
VTYPE AT 0:At_Tm (2) = TIME
```

表 A.1.6　走路"Tr3x"の乗った時のアクション

```
VTYPE AT 0:At_Tm (3) = TIME
```

B. WITNESS の逆引き辞典

付録 B では，WITNESS に関して良くある質問と，その解決策を示す．

目次

1. パーツの発生方法，ルール，移動に関する質問
1-01　パーツの発生時刻や発生量を時間経過に伴って変化させる

（1）解決策

主な方法として，①と②の２通りを紹介する．

①パーツファイルエレメントを使ってパーツの到着時刻と個数，アトリビュートを指定する方法

〇特徴
・大量のパーツの発生順序や種類を細かく指定して発生させることができる．

〇設定手順概要
Step1：パーツ名やパーツの到着時刻等をカンマ（,）区切りで記載した CSV ファイルを用意する．
　　　　（設定例：11.2 サンプルモデルを参照）
Step2：パーツファイルエレメントを定義し，詳細設定の「実ファイル名」で Step1 のファイルを指定する．
Step3：パーツファイルエレメントのアウトプットルールで，発生したパーツの行き先のエレメントを「PUSH TO *行き先エレメント名*」というように指定する．

②遅延バッファを使う方法

〇特徴
・実ファイルを用意する必要がなく，簡単に設定できる．
・バッファエレメントには，詳細設定の遅延オプションを「最大」にすると（以下「遅延バッファ」），バッファ内での滞留時間が指定した「最大時間」に達したパーツが自動的にバッファの中から出す機能がある．この機能を利用すると，時刻ゼロの時点で，パーツの発生時刻をアトリビュートに与えた状態で遅延バッファに入れておくことで「最大時間」すなわち発生時刻になったパーツがバッファの中から出すことでパーツの到着を表現できる．同方法は手軽に実装できる長所があるが，欠点としては，遅延バッファの中に溜めておくパーツが数百個以上になるような場合は，モデル内にあるパーツの個数が多すぎてモデルの動きが遅くことがあるので，モデル内のパーツの個数が非常に多くなる可能性がある場合には向かない．

○設定手順概要

Step1: バッファエレメントを定義し，詳細設定の遅延オプションを「最大」にする．

Step2: パーツの発生時刻を指定するためのアトリビュートを定義する．

Step3: パーツの発生時アクションで，パーツのアトリビュートに発生時刻を与える．

Step4: パーツが時刻 0 で遅延バッファに入るようにする

（2）関連資料

①の方法について：

ヘルプの「パーツファイルを使ったパーツのモデルへの投入」のページを参照．
（上記ページを開くには，WITNESS のメニューから[ヘルプ]–[検索]を選択し，検索タブで「パーツファイルを使ったパーツのモデルへの投入」を指定して検索すること）

②の方法について：

ワークブック パート 2 の「パーツの到着スケジュール」の項を参照．
（ワークブックを開くには，WITNESS のスタートページで「WITNESS の学習教材」をクリックすること）

1. パーツの発生方法，ルール，移動に関する質問
1-02 バッファに保管された複数のパーツの中から，条件を満たすパーツを取り出したい

（1）解決策

MATCH ルールを使って，パーツの個数やアトリビュートの値などを指定してパーツを引く．

（2）関連資料

ヘルプの「MATCH ルール」のページを参照．

2. モデルの制御に関する質問
2-01 特定のイベントを任意のタイミングで発生させたい

（1）解決策

①ユーザーアクションを使う方法，②即時アクションを使う方法などで実行する．

（2）関連資料

ユーザーアクションを使う方法の例は本書の表 10.5.7 参照．即時アクションについてはヘルプの「即時アクション」ページ参照．

2. モデルの制御に関する質問
2-02　関数エレメントで返り値を設定したい

（1）解決策

アクションの中で，アクションコマンド”RETURN *返す値*”を使用する．

（2）関連資料

ヘルプの「RETURN アクション」ページ参照．

.

3. 表示に関する質問
3-01　シミュレーションウィンドウの背景に，地図や写真を表示したい

（1）解決策

ファイル形式がビットマップや JPEG，Windows エンハンストメタファイル等ならば
①，DXF ファイルの場合は②の方法で設定する．
①ピクチャギャラリーに表示したい画像をインポートする．スクリーンエディタ（メ
　ニューの［表示］-［スクリーンエディタ］）で［描画］［アイコン］を選択して表示設定
　ダイアログを開き，アイコンとして画像の表示を追加する．
②WITNESS のメニューの［ファイル］-［開く］で dxf を選択する

（2）関連資料

ピクチャギャラリーは WITNESS のメニューの［表示］-［ピクチャギャラリー］を選択
して開く．画像のインポート方法はヘルプの「ピクチャのインポート」ページ参照．
アイコンの表示の追加方法は本書の「１０．２．３　エレメントの表示設定方法」の
「（3）表示の追加」参照．

3. 表示に関する質問
3-02　エレメントが重なっている場合，優先的に表示させるエレメントを変更したい

（1）解決策

シミュレーションウィンドウ上で表示されているアイテムを選択し，ツールバーの
「レイヤーの選択」を使って，アイテムを配置するレイヤーを変更する．
レイヤーが重なっている順番はメニューの［表示］-［レイヤー］で確認できる．

（2）関連資料

表示アイテムを配置するレイヤーの変更方法は，ヘルプの「レイヤーの選択コマン
ド」ページ参照．

なお,「レイヤーの選択」でリストの上の方にあるレイヤーほど,シミュレーションウィンドウ上で手前に表示される.

3. 表示に関する質問

3-03 シミュレーションウィンドウ上に表示された複数のエレメントの中から,特定のエレメントを見つけたい

（1）解決策

エレメントツリーで表示位置を調べたいエレメントを選択し,ツールバーの「選択部分へのパン／ズーム」アイコン 🔍 をクリックする.

4. 状態の調べ方や状態の設定方法に関する質問

4-01 シミュレーションの初期状態（バッファでの初期在庫量など）を設定したい

（1）解決策

初期状態ファイルで初期状態を指定し,初期設定アクションで関数 ImportState(*初期状態ファイル名*)を使って初期状態ファイルを読み込む.

（2）関連資料

関数 ImportState については「初期状態の読み込み時アクション」ページ参照.初期状態ファイルの書式については「ファイルからモデルの初期状態を読み込む」ページ参照.

4. 状態の調べ方や状態の設定方法に関する質問

4-02 エレメントの状態（稼働,待機,故障など）を調べたい

（1）解決策

アクションの中で関数 ISTATE(エレメント名)で指定したエレメントの状態番号を取得する.

　※状態番号について：

　　エレメントの状態(稼働/故障/アイドル等)を示す番号.各エレメントの状態番号はヘルプを参照すること.

（2）関連資料

ヘルプの「ISTATE(element)」ページ参照.

4. 状態の調べ方や状態の設定方法に関する質問

4-03 シミュレーション時間のうち，あるエレメントが特定の状態だった時間の割合を調べたい（故障時間の割合など）

（1）解決策

アクションの中で関数 PUTIL(エレメント名，状態番号)を使用して取得する.

（2）関連資料

ヘルプの「PUTIL(element_name, state)」ページ参照.

5. モデルの統計量に関する質問

5-02 一定の時間ごとの統計量を計算したい（シミュレーション開始からの累積ではなく）

（1）解決策

一定の時間間隔で，関数で統計量を取得して ResetReportsByElement(エレメント名)で統計量をリセットするアクションを繰り返す.

（2）関連資料

一定の時間間隔でアクションを実行する方法およびサンプルモデルは本項の「モデルの制御に関する質問」参照.

関数 ResetReportsByElement についてはヘルプの検索タブで"ResetReportsByElement"を検索して同関数のページを参照.

6. パーツに関する質問

6-01 パーツの種類を変えたい

（1）解決策

アクションの中で，アクションコマンド"CHANGE 元のパーツ，新たなパーツ"を使用して変える.

（2）関連資料

ヘルプの「CHANGE アクション」ページ参照.
CHANGE アクションの使用例は本書のサンプルモデル'sample_productionMC'参照.

7. パーツの個数に関する質問

7-01 シミュレーション実行中に，特定のエレメント（バッファ，マシン等）上の全てのパーツの個数を調べたい

（1）解決策

アクションの中で関数NPARTS(エレメント名)を使用してパーツの個数を取得する.

例：バッファ 001 上の全てのパーツの個数をインタラクトボックスに出力するにはアクションに以下のように記載する.

PRINT NPARTS(バッファ 001)

（2）関連資料

ヘルプの「NPARTS(element_name)」ページ参照.

7. パーツの個数に関する質問

7-02 シミュレーション実行中に，特定のエレメント（バッファ，マシン等）上の特定のパーツの個数を調べたい

（1）解決策

アクションの中で関数 NPARTS2(エレメント名, パーツ名)を使用してパーツの個数を取得する.

7. パーツの個数に関する質問

7-03 あるバッファについて，パーツの最大個数を調べたい

（1）解決策

アクションの中で関数 BMAX(エレメント名)を使用してパーツの個数を取得する.

8. マシンに関する質問

8-01 パーツの種類によって，マシンのサイクルタイムを変更したい

（1）解決策

パーツのアトリビュートと変数を使って設定する. マシンが少なければアトリビュートのみで表現できるが，多数のマシンがある場合はアトリビュートと変数の両方を使用する方法で実装すると良い.

9. ビークルに関する質問

9-01 シミュレーション実行中に，ビークルの行き先（経路名）を知りたい

（1）解決策

アクションの中で，関数 DESTOF1(ビークル名) を使用して行き先の走路名を取得する．

（2）関連資料

ヘルプの「DESTOF1(vehicle_name)」ページ参照

9. ビークルに関する質問

9-02 シミュレーション実行中に，ビークルに搬送要求をしたい ／ シミュレーション実行中のビークルの挙動を制御したい

（1）解決策

アクションの中で，アクションコマンド CALL を使用してビークルの搬送要求を出し，アクションコマンド VSEARCH で搬送要求を割り当てるビークルを探す．

（2）関連資料

ヘルプの「CALL アクション」ページと「VSEARCH アクション文でビークルに要求を割り付ける」ページ参照．

10. 通路に関する質問

10-01 パーツやレイバーの移動時間を，通路の長さに合わせたい

（1）解決策

2 通りの方法を紹介する．②の方法は，パーツやレイバーがエレメント間を，途中で曲がることなく直線で移動する場合に使用可能である．
①パーツやレイバーが通路エレメントを通って移動するようにし，通路の詳細設定の「通路の移動時間」で関数 WalkTime() を使用する方法
②疑似通路を使う方法

（2）関連資料

通路についてはヘルプの「通路の詳細設定ダイアログ［一般ページ］」ページ参照．
関数 WalkTime についてはヘルプの「WalkTime ()」ページ参照．

10. 通路に関する質問
10-02 　通路の長さを取得したい

（1）解決策

　通路エレメントの場合，通路の長さには，「表示長さ」と「実際の長さ」（通路の通過時間の計算基準となる長さ）がある．

　「表示長さ」はアクションの中で関数 PathLength(*通路名*)を使用して画面上の表示長さを取得する．

　「実際の長さ」はアクションの中で関数 PhysicalPathLength(*通路名*)を使用して実際の長さを取得する．

（2）関連資料

　ヘルプの「PathLength(path_name)」ページおよび「PhysicalPathLength(path_name)」ページ参照．

13. トラブルに関する質問
13-01 　モデルファイルが開けなくなった ／
　　　　モデルに誤った設定をして保存した

（1）解決策

　モデルを保存してあるフォルダに，モデルを最後に保存した時に自動的に保存されたバックアップファイル（モデルと同じ名前で拡張子が「*.wbk」のファイル）があるかどうか確認する．

　バックアップファイルがあった場合は，誤って削除しないよう別のフォルダにコピーをとってから，拡張子を*.mod に変え，WITNESS で開く．

13. トラブルに関する質問
13-02 　モデルが実行したまま停止できなくなった（強制的にモデル実行を停止させたい）

（1）解決策

　キーボードから「Ctrl キー+Q キー」を押すと，実行中のモデルを強制的に停止させることができる．

　この方法は，ルールやアクションの記述ミスなどによりモデルが無限ループに陥り止まらなくなってしまったような場合に役立つ．

C. 待ち行列理論によるシステム解析

　付録Cの目的は，待ち行列理論を理解することである．

　そこで本付録では，待ち行列理論の定義と内容を示す（C．1）．次に，待ち行列の要素やルールを示す（C．2）．さらに，待ち行列理論で用いる値や記号を示す（C．3）．最後に，待ち行列での状態の変化を表現する遷移図と，複雑な待ち行列を解析する際の留意点を示す（C．4）．

C．1　待ち行列理論の定義と内容

C.1.1　待ち行列理論の定義と歴史

　待ち行列理論（Queuing Theory）とは，待ち行列をなすシステムの解析を目的とした理論である．待ち行列をなすシステムは，その特性上，離散系シミュレーションの対象と極めて一致する．このため，システムを評価するにあたり，待ち行列理論と離散系シミュレーションは双璧を成している．待ち行列理論は，平均待ち時間，平均待ち行列長さなどのシステムの評価値を導出できる．

　待ち行列理論は，1909 年の Erlang による電話交換問題に端を発し，顧客からの電話接続の要求量の時系列変化を対象に研究がなされてきた．当時は，回線混雑による通話阻害を発生させないための回線容量の設計は極めて困難であり，問題を解決するために待ち行列理論が考えられ始めた．

　待ち行列理論の研究は，通話が，ある間隔で発生し，ある時間継続するとき，どの程度の電話回線を用意しておくと回線混雑による通話阻害を避けつつ電話回線を効率的に利用できるのかを検討する手段として進められた．

C.1.2　待ち行列理論の応用

　電話回線以外にも，類似の現象は社会のさまざまな面で発生しており，待ち行列理論を応用して問題解決が図られている．例えば，顧客からの電話接続の要求を「客」や「部品」と見なし，電話回線を「サービス」や「加工組立」と見なせば，待ち行列理論は，役所や金融機関の手続き，生産システムなどに適用できる．

　以上のような背景から，多種多様なシステムで，適切かつ効率的なサービス(処理)を提供するための，設備容量（能力）と運用ルールなどが研究されてきた．この結果，待ち行列理論は，オペレーションズ・リサーチ（Operations Research）において，数学的解析とその応用が成功した分野の 1 つとして重要な位置を占めることとなった．

C.1.3　待ち行列理論の適用条件

　待ち行列理論は，電話接続の要求，客，部品など（以後，「客など」と表記する）の発生間隔と，客などへのサービス時間が，数学的解析に適した理論分布（Theoretical Distribution）にしたがっているときにのみ，適用できる．

　例えば，発生間隔やサービス時間が時間帯によって変化する場合や，実地調査結果に基づくヒストグラムで表される場合は，待ち行列理論での解析は難しい．

　待ち行列理論は，システムの均衡状態（Equilibrium State）に着目した方程式を導き，均衡状態の平均値や期待値を計算する．このため，時間帯に応じて到着間隔やサービス時間が変化するシステムでは，その状況に応じた動的変動を把握できない．

C.1.4　待ち行列理論と離散系シミュレーションの関係

　待ち行列理論には前述のような適用条件があるため，待ち行列理論が適用できない場合は，離散系シミュレーションによる解析が必要となる．

　他方，離散系シミュレーションによる解析には待ち行列理論が必要である．離散系シミュレーションを用いる場合でも，待ち行列理論によって事前にシステムを解析することで，解析結果を，モデルの構築，入力データの生成，離散系シミュレーションの結果の妥当性検証などに活用できる．

　待ち行列理論は適用条件があるため，複雑なシステムの解析には離散系シミュレーションが用いられる．しかし，シミュレータが高度化し，利便性が向上した今日でも，待ち行列理論は基本的なシステム解析に必要であり，待ち行列理論はシミュレーション解析と併用して活用され続けている．

C．2　待ち行列の性質

C.2.1　待ち行列に影響する要素

（1）システムとしての待ち行列

　待ち行列は，客などがサービスを受けるために，システムの外部から行列に到着するところから始まる．客などはサービスを受ける順番が来るまで待った後，サービス窓口を利用し，サービスを受ける．サービス終了後，システムの外部へ出発する．待ち行列理論や離散系シミュレーションによる解析では，これらの状況をモデリングする（図C.2.1）．

　生産システムとしての待ち行列を考える場合には，上流工程（システムの外部）で加工組立された部品が，生産システムに到着する．部品は，機械や作業者によって加工組立され，下流工程（システムの外部）に出発する．なお，解析対象範囲を拡げて上流工程と下流工程を含めることで，いくつもの待ち行列が連成してモデリングすることもある．

図 C.2.1　待ち行列をなすシステム

（2）待ち行列に影響する要素

　待ち行列をなすシステムに影響する要素には，客などの到着に関する要素と，機械や作業者などのサービスに関する要素に大別される．到着に関する要素には到着間隔，到着の形態があり，客などの母集団の特性に影響を受ける．またサービスに関する要素にはサービス時間，サービスの形態，サービス窓口の数，窓口の数，システム容量，待ち行列のルールなどがある．

（3）母集団

　客などは，外部から待ち行列をなすシステムへ到着するようなもの，システムの内部で処理やサービスを受けるものである．母集団（Input Population）とは客などを発生させてシステムに供給するものであり，入力源（Input Source）と呼ばれる．

　母集団には，有限母集団（Finite Input Population）と無限母集団（Infinite Input Population）がある．有限母集団は母集団を構成する単位が有限であり，無限母集団は無限である．例えば，定期船のみが利用する港湾では特定の船舶のみが入港するため，このときの船舶は有限母集団に属する．一方，飲食店やガソリンスタンドでは不特定の客が訪れるため，このときの客は無限母集団に属する．

　母集団に属する客などは，母集団の特性によって考慮すべき内容が異なる．有限母集団の場合は，個々の特性の把握が重要である．例えば，定期船であれば，出航したばかりの船舶が次の瞬間に入港することはなく，個々の船舶の入港スケジュールと遅延などの運航状況が重要である．一方，無限母集団の場合は，平均到着率や到着間隔の把握が大切である．例えば，飲食店であれば，個人個人の来店時刻を把握することより，1時間に何人来店するかが重要である．

　待ち行列理論や離散系シミュレーションで扱われる客などは，時々刻々と変化するシステムの内外にあって，母集団内に存在する状態（Idle State），待ち状態（Waiting State），サービス状態（Service State）に大別される．母集団に存在する状態は，シミュレーションにおいてはシステムに到着する前の状態を意味する．

C.2.2　到着に関する要素

（1）到着間隔

　到着間隔とは，客などの到着時刻の間の長さである．現実のシステムでは，到着間隔に乱れのある場合が多い．この場合，到着間隔は一つひとつが独立したもので，同一の確率分布であるものと取扱われる．すなわち，任意の客などが到着するとき，その到着は過去の到着とは無関係である．このことは，無限母集団からの客などの到着を想定すれば容易に理解することができる．

　客などの到着に関する特性を把握するため，到着率（Arrival Rate）や平均到着間隔（Average Inter-arrival Time）が用いられる．任意の時間をT_p，T_pの間に到着した客などの数N_aとすると，到着率λは次式で表される．

$$\lambda = \frac{N_a}{T_p} \qquad \cdots \cdots \cdots \cdots \quad (C.1)$$

　なお，平均到着間隔は到着率の逆数である．

（2）到着形態

　到着間隔のような定量的な特性の把握に加えて，到着の形態のような定性的な特性の把握も必要である．

　到着の形態には，①独立性に関する形態と②到着数に関する形態がある．

　①独立性に関する形態は，客などとシステムの関わりに着目した形態であり，能動的到着と受動的到着がある．能動的到着とは客などが自らの意思決定に基づきシステムに到着することであり，受動的到着とは客などがシステムからの要求に基づきシステムに到着することである．例えば，客などが自身の意思決定に基づき，他の客などの影響を受けずに独立に到着する場合は，能動的到着である．また，システム内部のサービスの必要に応じて，外部から人やモノを調達する場合や，管理されたスケジュールに基づき外部から客などを到着させる場合は，受動的到着である．

　②到着数に関する形態は，任意の時刻に到着する客などの数に着目した形態である．任意の時刻に到着する客などの数を0か1とし，「到着間隔」は任意の確率分布に従う場合がある．また任意の時刻に到着する客などの数を複数とし，「単位時間あたりの到着客数」は任意の確率分布に従う場合もある．例えば，建築物の注文は一度に1件がほとんどであり，任意の時刻の注文数（到着数）は0か1である．一方，レストランやタクシー乗り場ではグループで到着することもあり，任意の時刻の到着数は複数である．

　待ち行列をなすシステムの研究で用いられることが多い形態に，ポアソン到着（Poisson Arrival），アーラン到着（Erlang Arrival），等間隔到着（Regular Arrival），ベルヌイ到着（Bernoulli Arrival），集団到着（Batch Arrival），予定到着（Scheduled Arrival）がある．ポアソン到着やアーラン到着などは到着間隔の確率分布に基づき呼称されるが，それらの確率分布は第5章で解説する．

C.2.3　サービスに関する要素

（1）サービス時間

　サービス時間とは，待ち行列をなすシステムの内部にあるサービス窓口において，客などに対応する時間である．言い換えれば，サービス時間は，1人の客あるいは1つのグループが，サービス窓口を占有している時間とも言える．

　システムの内部での客などに対するサービスの状況を把握するために，サービス率（Service Rate）や平均サービス時間（Mean of Service Time）を用いる．客などの数をN_s，N_sへのサービス時間をT_sすると，サービス率μは次式で表される．

$$\mu = \frac{N_s}{T_s} \qquad \cdots \cdots \cdots \cdots \quad \text{(C.2)}$$

　なお，平均サービス時間はサービス率の逆数である．

　ここで，サービス時間には，サービスを受ける前の待ち時間は含まれない．また，サービス時間は，自動化された機械作業のように画一的で一定時間で行われるものもあるが，環境・条件や客などの特性に応じて変動することも多い．

（2）サービスの形態

　サービス時間のような定量的な特性の把握に加えて，サービスの形態のような定性的な特性の把握も必要である．

　サービス時間に関する形態は，サービス時間のばらつきを確率分布に見立てることで，指数サービス（Exponential Service），一定サービス（Constant Service），アーランサービス（Erlang Service），可変サービス（Variable Service）に区分できる．指数サービスやアーランサービスなどはサービス時間の確率分布に基づき呼称されるが，それらの確率分布は第5章で解説する．

　また，サービスの中には，個々の客などではなく，客などのある程度集まりに対して行うサービスがあり，集合サービス（Mass Service）と呼ぶ．集団サービスは次のように分類できる．

- 客などが集まり一定の数に達した場合にサービスを提供するもの
- 何らかの条件が整った時点でサービスを提供するものの，サービスを提供する客などの数に定数があり，定数を超えた客などは，次のサービスまで待つもの
- サービスを提供する客などの数に制限がないもの

　独立したサービスが複数あり，客などに対して，それらのサービスを同時に提供し，

それらのサービスがすべて完了してから，サービス窓口からシステムの外部へ出るものを，同時サービス（Simultaneous Service）と呼ぶ.

　複数のサービス窓口があり，それをサービス員が巡回移動するものを，移動サービス（Mobile Service）という.

（3）サービス窓口の数

　待ち行列をなすシステムには，少なくても1つのサービス窓口が必要である. 例えば，金融機関には1つ以上の窓口やATMが設置され，サービスを提供している. 客が比較的少なく処理数が少ない場合は1つの窓口で十分であるが，客である利用者が増えた場合は複数の窓口を開設する必要がある.

　このように，サービス窓口の数は，客などの待ち時間に影響を与え，その結果，顧客満足度や製品リードタイム（Lead Time）などにも影響を与える. 一方で，サービス窓口の数は，設備コストにも影響を与える.

（4）システム容量

　システム容量（System Capacity）とは，待ち行列をなすシステムにおいて，サービス時間帯に受入可能な客などの数，同時刻にシステム内にかかえられる客などの数の最大値であり，最大受入数とも呼ばれる.

　システム容量の事前検討を怠った場合，設計したシステムの限界状態がわからないままに，客などを受入れ，システムが破綻することもある. 実際にいくつかの情報システムにおいて，処理能力の限界を超え，システムが不安定になり，社会に大きな影響を与えることも散見されている.

C.2.4　待ち行列のルール
（1）待ち行列をなすシステムのパターン

　待ち行列をなすシステムは，基本的に，到着した客などが待ちを形成する部分と，サービスを受ける部分で構成される. このとき，待ちの部分では，待ち行列が一列の場合と複数列の場合がある. また，サービスを受ける部分では，サービス窓口の数が1つの場合と複数の場合がある.

　以上のことから，待ち行列をなすシステムは，待ち行列の列数とサービス窓口の数の組み合わせによって，以下のパターンがある.
- ・1列の待ち行列＋1つのサービス窓口
- ・1列の待ち行列＋複数のサービス窓口
- ・複数列の待ち行列＋1つのサービス窓口
- ・複数列の待ち行列＋複数のサービス窓口

　また，待ち行列をなすシステムには複数の運用ルールがあり，上述の基本的な構成とともに待ち行列をなすシステム全体に大きな影響を与える. よく知られている待ち行列のルールを次に解説する.

（2）到着と待ちの観点からのルールの分類
①妨害（Balking）

　待ち行列に到着した客などが，待ち行列に加わろうとするとき，待ち数の制限などのルールがあり加われず，妨げられた状況になる．この結果，到着直後に，待ち行列をなすシステムの外部へ退出する現象が生じ，妨害と呼ばれる．また，待ち数に制限はないものの，想定される待ち時間が，客などの許容できる時間を越えているような場合には，結果として妨害という現象になる．

②途中離脱（Impatient Defection）

　待ち行列中の客などが，滞在できる許容時間を越えたために，待ち行列を離脱して，待ち行列をなすシステムの外部へ退出する現象は途中離脱と呼ばれる．

③鞍替え（Jockeying）

　複数のサービス窓口があり，その窓口ごとに待ちの列が形成されている場合を考える．客などが，自身の並んでいる待ち列よりも，他の待ち列の後尾に並んだ方が早くサービスを受けられると判断して，列の並び替えが可能な運用ルールも存在する．このような客などの挙動を，鞍替えと呼ばれる．

（3）サービスの観点からのルールの分類
①先入れ先出し（FIFO：First In First Out）

　通常，システムへ先に到着した待ち時間の最も長い客などが，優先して待ち行列から開放されサービスを受けるのが一般的である．このような待ち行列のルールを，先入れ先出しと呼ばれる．

②後入れ先出し（LIFO：Last In First Out）

　時間経過に伴う劣化，経年変化がない場合，何らかの事情や利点がある場合には，必ずしも先入れ先出しではなく，後入れ先出しといったルールが適用される場合もある．後入れ先出しでは，先着した客や製品よりも，後からシステムへ到着したものが優先してサービスを受ける．

　例えば，搭乗口が1つの飛行機への乗降では，機内へ搭乗する際，搭乗口から遠い席の客が先に機内へ案内され，搭乗口に近い席の客は後から案内される．そして，機内から降りるときには，搭乗口の近くの客から外へ出るといったルールで運行している航空会社も多い．

　また，取扱対象物が比較的経年変化を生じにくい，出入口が1つしかない倉庫も例として考えられる．入庫品は，すでにある在庫品の手前に積上げられる．そして，倉庫の出入口に近い比較的新しい在庫が，取出しやすく，搬出作業時間が短いために，出庫品として選択される．

③優先選択 (Priority Selection)

あらかじめ決められた優先順にサービスを提供するのが優先選択である．外来診療で急患が搬送されてきた場合など，システムの存在目的や状況によって，多々考えられる．この優先選択のルールが，時間などによって変更するようなものを，特に，動的優先選択と呼ばれる．

④無作為選択 (Random Selection)

待ち行列のルールとして，先入れ先出しや後入れ先出しなどの到着順を一切考慮しないものもあり，これを無作為選択と呼ばれる．

C．3　待ち行列理論の適用

C.3.1　待ち行列をなすシステムの評価値
（1）評価値の種類

待ち行列理論により，待ち行列をなすシステムの評価値を導出できる．待ち行列により，到着とサービスにかかわる数値が任意の確率分布に従うとき，平均値を導出することができる．待ち行列をなすシステムの評価値には，①稼働率，②平均待ち数，③平均待ち時間，④平均滞在数，⑤平均滞在時間がある（表 C.3.1）．

表 C.3.1　待ち行列をなすシステムの評価値

評価値	記号	定義
①稼働率 （operation ratio）	ρ	窓口が利用されている割合
②平均待ち数 （average queue length）	L_q	サービスの提供を待っている客などの平均数
③平均待ち時間 （average waiting time）	W_q	客などの到着からサービスを受けるまでの平均待ち時間
④平均滞在数 （average system size）	L	システム内に存在する客などの平均数
⑤平均滞在時間 （average lead time）	W	客などの到着、待ち、客へのサービス、システムからの退出といった一連のサイクル時間でもある平均システム内在時間

（2）評価値の計算式

（1）の評価値は，客などの到着率λ，窓口の平均サービス率μ，サービス窓口の数sを用いて計算できる．

①稼働率ρは，以下の式で求めることができる．

$$\rho = \frac{\lambda}{s\mu} \quad \cdots\cdots\cdots\cdots \quad (\text{C.3})$$

行列長さやシステム容量に制限がないとき，多くの場合，次のリトルの公式（Little's Formula）が成立する．そのため，②平均待ち数L_q，③平均待ち時間W_q，④平均滞在数L，⑤平均滞在時間Wのうち，いずれか1つが導出できれば，以下の式により他の3つも導出できる．

$$L = L_q + \frac{\lambda}{\mu} \quad \cdots\cdots\cdots\cdots \quad (\text{C.4})$$

$$W_q = \frac{L_q}{\lambda} \quad \cdots\cdots\cdots\cdots \quad (\text{C.5})$$

$$W = \frac{L}{\lambda} \quad \cdots\cdots\cdots\cdots \quad (\text{C.6})$$

C.3.2　ケンドールの記号によるシステムの分類と評価値の算出式
（1）ケンドールの記号によるシステムの表記法

C.2節では，待ち行列をなすシステムの要素を列挙した．とりわけ，基本的な要素として，到着の状態，サービスの状態，サービス窓口の数，システム容量の4つは重視される．これらの要素を取上げ，ケンドールの記号（Kendall's Notation）と呼ばれる略式記号を用いてシステムを表記する方法がある．ケンドールの記号による表記法は，客などが任意の確率分布に従う時間間隔でシステムへ到着し，先入れ先出しルールの運用のもとに，任意の確率分布に従う時間でサービスが提供されるシステムを対象にする．この表記法では，到着の状態を表現する到着間隔の分布，サービスの状態を表現するサービス時間の分布，サービス窓口の数の3つを「／」で区分し，最後にシステム内部に許容できる客などの滞在数であるシステム容量を括弧書きで付す．

到着間隔やサービス時間の分布を表現するケンドールの記号は，表C.3.2のとおりである．それぞれの確率分布は第5章で解説する．

表C.3.2　ケンドールの記号

記号	分布関数	備考
M	指数分布	到着の状態を表すときには，ポアソン到着，ランダム到着と呼ぶ
D	単位分布	到着の状態を表すときには，等間隔到着と呼ぶ．サービスの状態を表すときには，一定サービスと呼び，サービス時間が一定の意味になる．
G	一般分布	
Ek	k-アーラン分布	到着の状態を表すときには，アーラン到着と呼ぶ．
L	L分布	
s	-	サービス窓口の数である

例えば，M／M／2（∞）は，ポアソン（ランダム）到着，指数サービス，サービス窓口2つ，システム内部に無限に客などが滞在してもよいと特徴付けられるシステムを表している．

（2）システムの分類ごとの評価値の計算式
①M／M／1（∞）

M／M／1（∞）は，ポアソン到着，指数サービス，窓口が1つで，行列の長さは無限に長くてもよいシステムである．このシステムの平均滞在数Lは，以下の式で求めることができる．

$$L = \frac{\rho}{1 - \rho} \qquad \cdots \cdots \cdots \quad \text{(C.7)}$$

このシステムでは，リトルの公式が成立する．

②M／M／1（N）

M／M／1（N）は，ポアソン到着，指数サービス，窓口が1つで，システム内部にはNまでの客などが滞在してもよいシステムである．このシステムの平均滞在数Lと平均待ち数L_qは，以下の式で求めることができる．

$$L = \rho \frac{1 - (N + 1)\rho^N + N\rho^{N+1}}{(1 - \rho)(1 - \rho^{N+1})} \qquad \cdots \cdots \cdot \quad \text{(C.8)}$$

$$L_q = \rho^2 \frac{1 - N\rho^{N-1} + (N - 1)\rho^N}{(1 - \rho)(1 - \rho^{N+1})} \qquad \cdots \cdots \cdot \quad \text{(C.9)}$$

このシステムでは，待ち行列長さの制限に応じて，客などが待ちを形成せず，到着直後にシステム外部へ退出してしまうために，リトルの公式は成立しない．

③M／D／1（∞）

M／D／1（∞）は，ポアソン到着，一定サービス，窓口が1つで，行列の長さは無限に長くてもよいシステムである．このシステムの平均滞在数Lは，以下の式で求めることができる．

$$L = \frac{\rho(2 - \rho)}{2(1 - \rho)} \qquad \cdots \cdots \cdots \cdots \quad \text{(C.10)}$$

このシステムでは，リトルの公式が成立する．

④M／M／s（∞）

M／M／s（∞）は，ポアソン到着，指数サービス，窓口の数がsで，行列の長さは無限に長くてもよいシステムである．このシステムの平均待ち数L_qは，以下の式で求

めることができる.

$$L_q = \frac{s^s}{s!} \frac{\rho^{s+1}}{(1-\rho)^2} P_0 \qquad \cdots \cdots \quad \text{(C.11)}$$

$$P_0 = \left(\sum_{n=0}^{s-1} \frac{\left(\frac{\lambda}{\mu}\right)^n}{n!} + \frac{\left(\frac{\lambda}{\mu}\right)^s}{(s-1)!\left(s-\frac{\lambda}{\mu}\right)} \right)^{-1} \qquad \cdots \quad \text{(C.11)}$$

このシステムでは,リトルの公式が成立する.

C.3.3 理論値の導出

(1) 理論値を導出するシステム

C.3.2 項では,待ち行列理論により求められた理論値を,待ち行列をなすシステムの評価に必要な値として示した.本項では,それらの理論値の導出の手順について,M／M／1 (∞) を事例に解説する.

M／M／1 (∞) は,サービス窓口が1つで,客などが一見ばらばらに到着しているように観察できる.また,システムの到着順にサービスが提供され,このときのサービス時間も一見ばらばらであるように観察される.さらに,待ち行列の長さやシステム容量に制限がないものである.

(2) 到着とサービスのモデリング

運用時間が比較的長いサービス窓口において,客などが互いに相談し混雑しないように調整せずに到着する場合を考える.このとき,客などの到着間隔を計測すると一定ではなく,ばらばらに観察される.これは何らかの確率的変動にしたがい,その到着間隔は異なると考える.また,一定時間(帯)ごとに,客などの到着数を計測すると比較的に安定していることもある.しかし,もちろん,客などの到着間隔が一定時間ということではない.このように,到着間隔はランダムであるものの,任意の時間区間をとった場合に客などの到着数が,解析対象時間内で安定している状態を,ポアソン到着,あるいはランダム到着と呼ぶ.

ポアソン到着では,定常性(Steadiness),無記憶性(Memoryless Property),希少性(Orderliness)の3つが成立している.定常性とは,1時間といった任意の時間(間隔)に,客などの到着数がn_iである確率が,解析対象の全時間帯のどこをとっても一定であることを意味する.無記憶性とは,それまでの任意の時間の客などの到着数n_{i-1}と関係なく,次の時間間隔に客などの到着数n_iが決まることを意味し,マルコフ性(Markov Property)とも呼ばれる.希少性とは,解析する時刻間隔(刻み時間)が 0.1 秒とか 0.01 秒といった極めて狭い時間で考えれば,同時刻に複数の客などが到着しないと仮定することを意味する.

コールセンターを例に,ポアソン到着を解説する.コールセンターの利用者が,自

由にセンターへ電話をかける．それぞれの利用者が独立してコールセンターへ電話をかけるため，任意の電話はその直前の電話とは何ら関係がなく，無記憶性が仮定できる．コールセンターの視点では，始業直後や終業直前などの特別な状況を考慮せず，例えば30分間といった同じ時間幅で計測すると，電話の受信数は安定しており，定常性が仮定できる．さらに，極めて微小の時間間隔，例えば1万分の1秒の間に，複数の利用者から同時に電話がかかる確率は少ないと考えられ，希少性が仮定できる．

ポアソン到着は，定常性，無記憶性，希少性の3つが成立するため，負の指数分布（単に指数分布とも呼ぶ）で表現できる．よって，到着率λのときに，ポアソン到着での到着間隔（時間）の確率分布は，以下の式で表される．

$$f(t) = \lambda e^{-\lambda t} \qquad \cdots \cdots \cdots \quad (\text{C}.12)$$

この分布は，客などの到着間隔，サービス時間，サービス窓口の故障間隔などがランダムであると仮定したとき，多くのシステムに適用できることが実証的に確認され，シミュレーションでも多用されている．また，式（C.12）において，λをサービス率μに入れ替えれば，ランダムな挙動を示す指数サービスを表す確率分布の式となる．

ポアソン到着の場合，単位時間Δtの間の客などの到着数がkの確率$P(X = k)$は，以下の式で表される．

$$P(X = k) = \frac{(\lambda \Delta t)^k}{k!} e^{-\lambda \Delta t} \quad (k = 0,1,2,\cdots) \quad \cdots \cdot \quad (\text{C}.13)$$

到着とサービスの確率分布を負の指数分布により表現することで，待ち行列の均衡条件，安定状態を求めるための微積分の処理が極めて容易にでき，計算が簡単になる．

（3）均衡状態の計算

待ち行列理論では，待ち行列に関する均衡状態（Equilibrium State）での平均値（期待値）を導出している．

システム内部におけるサービスの対象となる客などの滞在数をn，時刻tにおいてnである確率を$P_n(t)$とする．ここで，滞在数nは，システム内部でサービスを提供されている客などの数と，待ち行列をなしている客などの数の和である．

任意の時刻tと時刻$t + \Delta t$の滞在数を考える．また，単位時間Δtは，複数の利用者が到着しないほどの極めて短いとする．さらに，滞在数nは正と仮定する．

時刻$t + \Delta t$に滞在数がnとなる場合は，以下の4つが考えられる．

・時刻tの滞在数は$n - 1$であり，時刻$t + \Delta t$までに到着が1つ生じる．
・時刻tの滞在数はnであり，時刻$t + \Delta t$までに到着と退出がない．
・時刻tの滞在数はnであり，時刻$t + \Delta t$までに到着と退出が1つずつ生じる．
・時刻tの滞在数は$n + 1$であり，時刻$t + \Delta t$までに退出が1つ生じる．

したがって，時刻$t + \Delta t$のときに滞在数がnである確率$P_n(t + \Delta t)$は次式で表される．

$$P_n(t + \Delta t) \cong (\lambda\Delta t)(1 - \mu\Delta t)P_{n-1}(t) + (1 - \lambda\Delta t)(1 - \mu\Delta t)P_n(t) \quad \cdot\cdot \quad \text{(C.14)}$$
$$+ (\lambda\Delta t)(\mu\Delta t)P_n(t) + (1 - \lambda\Delta t)(\mu\Delta t)P_{n+1}(t)$$

ここで，時刻tの値にかかわらず，指数分布の性質によってλとμは定数であり，Δtの間に客などが到着する確率は$\lambda\Delta t$，到着しない確率は$1 - \lambda\Delta t$となる．サービスも同様に考え，サービス終了に伴う退出がある確率は$\mu\Delta t$，退出がない確率は$1 - \mu\Delta t$となる．式（C.14）の右辺の項はそれぞれ結果として，$t + \Delta t$のときにnとなる4つの場合分けに対応している．式（C.14）を整理し，$\Delta t \to 0$とすると，次式が成立する．

$$\frac{dP_n}{dt} = \lambda P_{n-1}(t) - (\lambda - \mu)P_n(t) + \mu P_{n+1}(t) \quad \cdot\cdot\cdot\cdot \quad \text{(C.16)}$$

待ち行列理論では，平均値の導出時に，均衡状態を想定するため，次式が成立する．

$$\lim_{t\to\infty} P_n(t) = P_n \quad \cdot\cdot\cdot\cdot\cdot\cdot\cdot\cdot \quad \text{(C.17)}$$

このP_nを均衡確率，あるいは定常確率と呼ぶ．稼働率$\rho = \lambda/\mu$が1より小さければ，定常確率は存在する．すべての時刻tに対して，P_nがtに依存していない定常状態であるため，すべてのnについて$dP_n/dt = 0$とおき，次式が成立する．

$$\lambda P_{n-1} - (\lambda - \mu)P_n + \mu P_{n+1} = 0 \quad (n \geq 1) \quad \cdot\cdot\cdot\cdot\cdot \quad \text{(C.18)}$$
$$-\lambda P_0 + \mu P_1 = 0 \quad (n = 0) \quad \cdot\cdot\cdot\cdot\cdot \quad \text{(C.19)}$$

$n = 0$では，式（C.19）を展開し，ρを用いて次式となる．

$$P_1 = \frac{\lambda}{\mu}P_0 = \rho P_0 \quad \cdot\cdot\cdot\cdot\cdot\cdot\cdot\cdot \quad \text{(C.20)}$$

同様にして，$n = 1$では，$\lambda P_0 - (\lambda + \mu)P_1 + \mu P_2 = 0$と式（C.20）の結果を用いて，$P_2 = \rho^2 P_0$となり，$P_n$は次式で表されることがわかる．

$$P_n = \rho^2 P_0 \quad \cdot\cdot\cdot\cdot\cdot\cdot\cdot\cdot \quad \text{(C.21)}$$

また，ベキ級数の収束性から次式を利用する．

$$\sum_{n=0}^{\infty} \rho^n = 1 + \rho + \rho^2 + \cdots = \frac{1}{1 - \rho} \quad \cdot\cdot\cdot\cdot\cdot \quad \text{(C.22)}$$

したがって，$\rho < 1$が成立し，確率の性質から，次式が成立する．

$$\sum_{n=0}^{\infty} P_n = P_0 \sum_{n=0}^{\infty} \rho^n = \frac{P_0}{1 - \rho} = 1 \quad \cdot\cdot\cdot\cdot\cdot\cdot \quad \text{(C.23)}$$

式（C.23）から，$P_0 = 1 - \rho$と導出され，$P_n = (1 - \rho)\rho^n$が成立する．ここで，滞在数nの平均値，すなわち，平均滞在数Lは，次式となる．

$$L = \sum_{n=0}^{\infty} nP_n = \frac{\rho}{1 - \rho} \quad \cdots\cdots\cdots \quad (C.24)$$

次に，待ち行列の長さの平均値を考える．待ち行列の長さは，滞在数が0のときは当然，0である．待ち行列の長さは，滞在数が1つ以上のときに，滞在数からサービス中のものを引いた値になる．したがって，待ち行列の長さL_qは次式となる．

$$L_q = 0 \cdot P_0 + \sum_{n=1}^{\infty} (n-1)P_n = \sum_{n=1}^{\infty} nP_n - \sum_{n=1}^{\infty} P_n = L - (1 - P_0) = \frac{\rho^2}{1 - \rho}$$

$$\cdots\cdots\cdots\cdots\cdots \quad (C.25)$$

C．4　遷移図と複雑な待ち行列

C.4.1　遷移図と待ち行列

前節C．3において，状態の変化，遷移に着目し待ち行列の理論の計算を進めたが，それらの計算は，状態に関する遷移図（State Transition Diagram）および遷移確率行列（Transition Probability Matrix）を使って示すこともできる．滞在数の導出において，微小時間間隔で滞在数は$n-1$からnへ，また，nからnへ，さらに，$n+1$からnへ変化する状況を想定し説明した．同様にして，すべての状態について，任意の単位時間にある状態から別の状態へ変化する確率（推移確率，あるいは，遷移確率と言う）が行列の形で表現できれば，その行列を無限回掛け合わせた値を用いて，均衡確率を求めることができる．この推移が直前の状態から継続して過去の経緯に関係なく次の状態を決められるとき（マルコフ性を持つとき），これをマルコフ過程と呼ぶ．

確率的にある状態から別の状態へ変化することを示すために，遷移図と呼ばれる図C.4.1のようなグラフを描くことができる．なお，図 C.4.1 のP_{ij}は状態iから状態jへの遷移確率を示す．

C.4.2　複雑な待ち行列の解析

本章では，比較的単純な分布に従った到着間隔とサービス時間で構成される待ち行列を解析した．異なる分布を要するもの，複数の待ち行列が連成したもの，複雑な運用ルールを有するものなどにおいて，均衡状態に着目した待ち行列理論によって評価値を導出することは，困難を極める．さらに，均衡状態に着目した計算であるために，特に，時間的に運用ルールや構成が変化するようなシステムの解析では，待ち行列理論は十分なものではない．複雑な待ち行列をなすシステムにおいて，定常性，無記憶性，希少性のいずれかが満たされずに，待ち行列理論を適用した場合，得られた評価

値が満足なものである保証はない.

　これらの課題を克服してシステムの評価値を導出するための方法として，離散系シミュレーションによる解析が一般的に行われている.

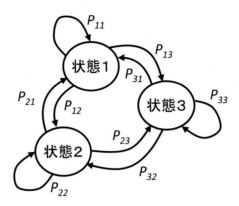

図 C.4.1　遷移図の例

索引

執筆者紹介

＜編著者＞

石川友保（いしかわ・ともやす）

: 福島大学共生システム理工学類准教授

東京商船大学商船学部流通情報工学課程卒業．同大学大学院博士前期課程修了．2009 年博士（工学）取得（東京海洋大学）．1999 年より（財）計量計画研究所研究員．2005 年より東京大学大学院医学系研究科佐川急便「ホスピタル・ロジスティクス」講座特任助教．2009 年より（財）計量計画研究所研究員．2010 年より福島大学大学院共生システム理工学研究科特任助教．2012 年より日立建機（株）技師．2014 年より現職．
専門分野：ロジスティクス，オペレーションズ・リサーチなど．
主要著書：「ロジスティクス概論」（共著，白桃書房，2014）
　　　　　「病院のロジスティクス」（共著，白桃書房，2009）
　　　　　「明日の都市交通政策」（共著，成文堂，2003）

＜著者＞

樋口良之（ひぐち・よしゆき）

: 福島大学教育研究院教授（共生システム理工学類担当）

長岡技術科学大学工学部機械システム工学課程卒業．同大学大学院工学研究科修士課程修了．2000 年に同大学大学院工学研究科博士後期課程修了，博士（工学）取得．1993 年（株）重松製作所技術研究所研究員．1994 年より山形県職員上級技術吏員．2000 年より長岡技術科学大学工学部・大学院講師．2004 年に長岡技術科学大学工学部・大学院助教授．2004 年より福島大学理工学群共生システム理工学類助教授．2007 より福島大学理工学群共生システム理工学類准教授．2013 年より現職．
専門分野：離散系システムシミュレーション，機械学習の産業課題への適用，システムモデリングなど．
主要著書：「離散系のシステムモデリングとシミュレーション解析」（編著者，三恵社，2007）
　　　　　「基礎からのマシン・デザイン」（共著，森北出版，1998）

筧宗徳（かけひ・むねのり）

: 福島大学共生システム理工学類准教授

成蹊大学工学部経営工学科卒業．同大学大学院工学研究科情報処理専攻博士後期課程修了．2008 年博士(工学)．2007 年成蹊大学理工学部情報科学科助手，2008 年同学部助教，2012 年東京理科大学理工学部経営工学科助教，2016 年福島大学共生システム理工学類講師，2018 年より現職．日本設備管理学会，日本経営工学会，日本機械学会各会員．
専門分野：生産システム工学，インダストリアル・エンジニアリング，教育工学
主要著書・論文：「生産システムシミュレータによるデジタルものづくり教育のための授業設計手法 ID-QFD の提案」（共著，日本設備管理学会論文誌，2018）
　　　　　「ビジネス・キャリア検定試験標準テキスト 生産管理プランニング 3 級 第 3 版」(共著，中央職業能力開発協会，2015)
　　　　　「サイバーマニュファクチャリング -e ラーニングで学ぶものづくり-」（共著，青山学院大学総合研究所，2004）

松本智行（まつもと・ともゆき）

: 伊藤忠テクノソリューションズ株式会社 科学システム本部 DS ビジネス推進部

TDK㈱にて製造装置の設計，シーケンスプログラミング業務に従事，その後ローム㈱にて半導体回路の設計業務を担当，2006 年に伊藤忠テクノソリューションズ㈱に入社．主に製造業，物流業向けに待ち行列シミュレーター，数理最適化ソルバーの営業，マーケティング業務に携わる．

布施雅子（ふせ・まさこ）

：伊藤忠テクノソリューションズ株式会社 エンタープライズ事業本部

WITNESS の提案・教育・サポートからモデル作成・データ解析まで担当するプロダクトエンジニア. シミュレーターに WITNESS を利用した研究プロジェクトにも参加.

中村麻人（なかむら・あさと）

：伊藤忠テクノソリューションズ株式会社 科学システム本部 DS ビジネス推進部

生産/物流/交通分野の待ち行列シミュレーション解析や数理最適化業務に従事. 自動車，部品，半導体，空港，プラント，倉庫など幅広い分野のモデル開発/データ解析に携わる.

シミュレーション解析入門

—問題定義から実験結果の解析までの手順とWITNESS活用事例—

2022 年　4 月 21 日　初版発行

編　著　者　石川友保
著　　　者　樋口良之／筧　宗徳／松本智行／布施雅子／中村麻人
定　　　価　本体価格 2,700 円＋税
発　行　所　株式会社　三恵社
　　　　　　〒462-0056　愛知県名古屋市北区中丸町2-24-1
　　　　　　TEL 052-915-5211　FAX 052-915-5019
　　　　　　URL https://www.sankeisha.com